LES FLEURS ANIMÉES

Deuxième Partie

PARIS

GARNIER FRÈRES, LIBRAIRES-ÉDITEURS

6, RUE DES SAINTS-PÈRES, 6

LES

FLEURS ANIMÉES

TOME SECOND

2447-98. — CORBEIL. Imprimerie ÉD. CRÉTÉ.

2447-98. — CORBEIL. Imprimerie ÉD. CRÉTÉ.

LES FLEURS ANIMÉES

LES
FLEURS ANIMÉES

PAR

J. J. GRANDVILLE

TEXTE

PAR

ALPH. KARR, TAXILE DELORD ET LE Cte FŒLIX

NOUVELLE ÉDITION

AVEC PLANCHES TRÈS SOIGNEUSEMENT RETOUCHÉES

PAR

M. MAUBERT

Peintre d'histoire naturelle attaché au Jardin des Plantes.

TOME SECOND

PARIS

GARNIER FRÈRES, LIBRAIRES-ÉDITEURS

6, RUE DES SAINTS-PÈRES, 6

RETOUR DES FLEURS

LES
FLEURS ANIMÉES

LE DÉCAMÉRON

Au carrefour d'une forêt, à l'endroit d'où partent quatre routes différentes, plusieurs Fleurs se rencontrèrent, parmi lesquelles on remarquait le Pois de Senteur, le Cactus, la Fleur de Pêcher, le Dahlia, la Sensitive, la Fuchsie, la Pervenche.

— Où allez-vous ? se demandèrent-elles les unes aux autres.

— Nous retournons chez la Fée aux Fleurs, répondirent-elles, mais nous avons perdu notre chemin et nous ne savons à qui le demander.

Il fut résolu qu'on enverrait le Pois de Senteur à la découverte. Au bout d'un quart d'heure le Pois de Senteur revint; il avait grimpé à la cime des arbres les plus élevés, sans apercevoir autre chose que l'horizon qui verdoyait. Sans doute la forêt n'était pas habitée ; on n'y voyait pas même une cabane de bûcheron cachée dans la feuillée.

— Le Rouge-Gorge est mon ami, dit la Fuchsie ; il me fournira peut-être quelques renseignements.

— Hé ! seigneur Rouge-Gorge, sommes-nous bien éloignées du pays de la Fée aux Fleurs ?

Le Rouge-Gorge, au lieu de répondre, s'enfuit tout effrayé et disparut dans le buisson voisin.

— Je propose, s'écria alors le Dahlia, que nous nous mettions à la poursuite d'un papillon, et qu'après l'avoir fait prisonnier nous le forcions, en échange de sa liberté, à nous mettre dans la bonne voie.

— Attendons plutôt la nuit, reprit le Pois de Senteur : quand les sylphes viendront voltiger ici au clair de la lune, nous les appellerons, et c'est bien le diable si l'un d'eux ne consent pas à devenir notre guide, en reconnaissance du plaisir que plus d'une d'entre nous lui a procuré autrefois en le berçant dans sa corolle.

— Hélas ! murmura la Sensitive d'une voix dolente, ne voyez-vous pas que nous sommes des femmes et non des fleurs ! Les oiseaux s'enfuient à notre approche ; les papillons n'entendront pas notre langage ; les sylphes ne nous reconnaîtront plus. Il ne nous reste plus qu'à mourir dans cette forêt. Quant à moi, je ne saurais faire un pas de plus : les ronces ont déchiré mes pieds, mes mains frémissent au rude contact des buissons, je me soutiens à peine, et je me résigne à mon triste sort...

La Sensitive se laissa tomber ou plutôt s'affaissa sur le gazon.

— Eh quoi ! s'écria la pétulante Fuchsie, nous nous laissons abattre comme de véritables femmelettes ! Morbleu ! faisons contre fortune bon cœur. Il est impossible que la Fée aux Fleurs nous laisse mourir ainsi dans un bois. La nuit est loin, le loup aussi ; l'herbe est tendre, l'ombre fraîche, asseyons-nous, mes sœurs, et racontons-nous mutuellement ce que nous avons fait sur la terre. Ce récit nous amusera, et quand nous nous serons bien reposées, nous tenterons de nouveau la fortune.

Les autres Fleurs acceptèrent avec enthousiasme cette proposition.

— Qui de nous commencera? demandèrent-elles.

— Moi, répondit le Pois de Senteur ; et il prit la parole dans les termes suivants :

HISTOIRE DU POIS DE SENTEUR

Ne vous attendez pas à trouver dans ma vie des circonstances extraordinaires, des événements imprévus. Une fois sur la terre, voulant rester paysanne, je m'étais mise au service d'un jardinier. Une autre servante et moi nous composions toute sa maison.

Margot, c'était le nom de ma compagne, était une grosse campagnarde joufflue, haute en couleurs, carrée d'épaules, l'objet de l'admiration de tous les villageois. « Elle fait presque autant de besogne qu'un bœuf, » disait souvent notre maître, pour donner une idée de ses précieuses qualités. Aussi était-elle l'objet de ses préférences.

Quant à moi, je ne savais rien faire ; je n'étais bonne qu'à danser le dimanche, à rire et à sauter tout le reste de la semaine. Elle est assez gentille, disait le fermier en parlant de moi ; mais c'est une tête folle, elle est toujours à se mettre le nez à la fenêtre, à se balancer, à chanter ; on n'en fera jamais rien.

Le résultat de cette comparaison entre Margot et moi était qu'à elle revenaient toutes les préférences de notre maître. A elle les bons repas, les succulents morceaux de galette de maïs, les cuisses d'oie, grasses et dodues, les verres pleins de cidre écumeux. A moi les vieux morceaux de pain dur, les os et l'eau de puits ; encore avait-on l'air de me la reprocher, et quelquefois j'étais obligée d'aller m'abreuver à l'aide de l'arrosoir et à l'insu du fermier.

Il me semblait pourtant que j'étais plus jolie que Margot et je ne comprenais pas pourquoi on me la préférait.

Un jour, j'accompagnais notre maître au jardin. Nous étions au commencement du printemps : nous passions près d'une haie où les tiges de la Fleur qui porte mon nom s'étaient

enlacées ; les boutons des Pois de Senteur exha-
laient déjà une faible odeur ; l'un deux, plus pré-
coce que les autres, venait de s'épanouir sous
mon souffle fraternel.

Mon maître ne le regardait seulement pas ; il
avait hâte d'arriver à un semis de pois de table
qu'il s'agissait d'arroser, et de purger des mauvaises herbes. Pendant toute la journée, nous
nous occupâmes de ce double soin ; le fermier
ne sentait même pas la fatigue.

Vers le soir nous repassâmes devant la haie.

Les Pois de Senteur semblaient me regarder
d'une façon languissante.

— Maître, lui dis-je, en lui montrant le buisson, est-ce que vous ne les arroserez pas aussi ?

Le paysan haussa les épaules.

— Que je m'échine pour ces gros bons petits
pois qui travaillent toute la journée à me
fabriquer sous leur cosse dure et sergée ces
petites boules que je vends si bien, à la bonne
heure ; mais pour ces fainéants de Pois de
Senteur, allons donc !

— Ils sont jolis.

— Mais ils ne produisent rien. Mauvaise herbe
croît toujours. Rentrons vite à la maison.

Je compris alors pourquoi on me préférait
Margot : sur la terre, l'utile vaut mieux que
l'agréable.

Blessée dans mon amour-propre, j'ai quitté le
fermier, et je suis venue à la ville. Hélas ! je n'y
ai pas été plus heureuse ni plus considérée. J'ai

vu les grisettes me laisser mourir de soif et de
chaleur sur le rebord 'de leur fenêtre, et me
jetant à la fin sur le pavé pour me remplacer par
le rosier, qu'un romancier venait de mettre à la
mode. Les portiers seuls avaient pour moi
quelque sympathie. Au lieu d'en être fière, cette
sympathie m'a humiliée. Quittons, quittons cette
terre, me suis-je dit ; retournons chez la Fée ; là,
du moins, l'égalité règne entre toutes les Fleurs ;
elles ne sont pas soumises aux caprices de la
mode ; elles ignorent les douleurs et les petitesses
de l'amour-propre. Et je me suis mise en route,
je vous ai rencontrées, mes sœurs, et me voilà
prête à écouter celle de vous qui va nous
raconter son histoire à son tour.

HISTOIRE DU CACTUS

Ce fut le Cactus qui parla.

Toute mon histoire sur la terre se résume
dans ces seuls mots : J'ai eu froid.

Il m'est impossible de vivre dans ces régions
où il tombe de la neige, où il gèle, où l'on est
sans cesse assailli par la pluie, le vent et les
giboulées.

Si j'étais resté sous les tropiques, je n'aurais
pas trop le droit de me plaindre ; mais j'ai fait
la sottise de suivre un botaniste en Europe, et je
suis perclus de rhumatismes. On a beau vivre
dans une serre, on est toujours victime de
quelque traître vent coulis.

Et puis cette chaleur factice me donnait la migraine ou des pesanteurs de tête insupportables. Mon sang, d'un rouge si vif, ne circulait plus ; mon front alourdi retombait sur ma poitrine, et il me semblait, dans l'espèce d'hallucination où j'étais, qu'une main invisible m'avait transformée en portière, et que je serrais amoureusement un poêle dans mes bras, ainsi que maintes fois je l'avais vu faire en hiver dans la loge de notre hôte.

Comme je regrettais la douce et tiède température des pays où nous sommes nées, nous autres Fleurs ? Comme je m'ennuyais sur les cheminées, sur les consoles de marbre où je servais d'ornement! A la fin, j'ai pris une résolution courageuse : secouant ma torpeur, et profitant des chaleurs de l'été qui permettaient de me tenir en plein air, je me suis échappé. A présent, je ne crains plus qu'une chose: c'est d'être obligé de passer la nuit sans abri ; la fraîcheur du soir pourrait me saisir. J'espère cependant que nous n'en serons pas réduites à cette extrémité, et que la Fée viendra à notre aide. Maintenant, à qui à parler ?

Ce fut au tour de la Pervenche.

HISTOIRE DE LA PERVENCHE

Moi, dit-elle, je me suis éveillée sur la terre par une belle matinée d'avril. Un ruisseau faisait entendre son doux murmure à mes pieds ;

des oiseaux chantaient sur ma tête ; la brise parfumée se jouait dans mes cheveux.

La terre m'a paru si belle dans sa nouvelle parure, le ciel si bleu, le soleil si radieux, que j'ai senti mes yeux s'humecter de larmes. Sans attendre le lendemain, je suis partie. La terre, en ce moment, m'aurait fait oublier le peuple des Fleurs. Mais aussi, peut-être, quel désenchantement le lendemain !...

J'ai voulu conserver mes illusions. Quand je serai de retour, je demanderai à la Fée de me laisser, chaque année, passer une heure sur la terre, pour me mirer au bord de l'eau, voir le ciel et respirer la brise, une heure rapide et fugitive, l'heure du printemps.

HISTOIRE DE LA FUCHSIE

La Fuchsie remplaça la Pervenche.

Quant à moi, s'écria-t-elle d'une voix claire et argentine, je ne me soucie plus de la terre, et me forcer d'y revenir serait la plus grande punition qu'on pût m'infliger.

Ma vie a été courte, mais bonne, et je ne demande pas à la recommencer. Il ne faut point gâter ses impressions : en cela, je suis de l'avis de la Pervenche.

J'avais choisi Paris comme lieu de résidence, et, dans Paris, j'habitais le quartier Bréda. Je courais les bals, les spectacles, les concerts. J'avais un appartement magnifique, un coupé, deux chevaux et un groom. Je dansais la polka à ravir ; je fumais des cigarettes ; je montais à cheval ; je jouais au lansquenet et je buvais du vin de Champagne. On pouvait dire de moi comme de Fanchon :

Elle aime à rire, elle aime à boire ;
Elle aime à chanter comme nous.

Il fallait me voir dans ce temps-là, comme j'étais jolie, l'hiver surtout, lorsque je paraissais dans un bal avec mon éclatant habit en Folie ! Tout le monde me disait que je représentais au naturel l'ancienne déesse qui présidait aux folles distractions ; j'avais sa grâce, son esprit, sa figure piquante, sa légèreté. Hélas ! tout cela n'a duré qu'un moment ! j'aimais trop le vin de Champagne ; c'est lui qui m'a donné cette vilaine maladie que les médecins appellent gastrite, La terre m'est devenue insupportable depuis que je souffre de l'estomac ; je retourne vivre au milieu des Fleurs, pour me mettre au lait de rosée, au sirop de brise. Le médecin des Fleurs, qui a nom Zéphire, me rendra sans doute la santé.

HISTOIRE DU DAHLIA

Après avoir encouragé et rassuré la pauvre malade, les Fleurs firent de nouveau silence pour écouter le récit du Dahlia.

Vous voyez en moi, commença le Dahlia, une

ex-bouquetière. Lier des Fleurs entre elles, les vendre à des gens qui marchandaient toujours, les faire porter à leur adresse, voilà quelles étaient mes occupations.

Je sais que les hommes ont fait beaucoup de poésies à propos des bouquetières. J'ai lu des nouvelles, des romans où elles jouent un rôle charmant. Elles favorisent les amours sincères, elles font échouer les fats, elles sont au courant de toutes les intrigues. Hélas! que ces fictions sont loin de la réalité! Je ne connais pas d'industrie plus triste, plus remplie de désillusions, pour me servir d'un mot maintenant fort à la mode sur la terre. Lasse de voir les femmes recevoir des bouquets de toutes les mains, et les hommes les plus amoureux descendre des hauteurs de la passion pour rogner ma note de quelques centimes; fatiguée d'être poursuivie par de vieux célibataires, qui m'appelaient prêtresse de Flore en essayant de me prendre la taille, j'ai pris le parti de fuir les hommes et de revenir à mon ancienne condition de simple Fleur.

Le Dahlia raconta rapidement son histoire : il ne restait plus à entendre que la Sensitive et la Fleur de Pêcher.

HISTOIRE DE LA SENSITIVE

La pauvre Sensitive n'était pas faite pour le monde : je m'en suis trop tôt aperçue.

A peine eus-je revêtu le costume de femme,

que ma sensibilité me causa des tourments affreux. Je ne parle pas de l'amour, ma pudeur devait me défendre.

Je souffrais par bien d'autres motifs! Au théâtre, la musique me faisait tomber en pâmoison; les émotions du drame me jetaient en des évanouissements prolongés; le moindre changement de température agissait sur mes nerfs.

Le cigare surtout rendait ma vie amère. Que de fois n'ai-je pas dû subir les insolentes bouffées d'un fat!

Au lieu de me plaindre, on se moquait de moi; j'étais passée à l'état de *femme nerveuse* : personne ne croyait à mes souffrances; mes amis les plus intimes prétendaient que je me maniérais.

Un magnétiseur célèbre me proposa d'utiliser mon fluide et de courir la province pour donner des représentations, lire les yeux fermés, et deviner les maladies à la seule inspection des cheveux du malade. Humiliée par cette offre, lasse de voir le ridicule s'attacher à moi, j'ai pris la résolution de redevenir Fleur. L'haleine douce de la brise, les caresses des papillons, voilà les seules choses que je puisse supporter.

Quand la Sensitive eut achevé son histoire d'une voix lente et plaintive, la Fleur de Pêcher fit part de ses aventures de la manière suivante :

HISTOIRE DE LA FLEUR DE PÊCHER

Je suis née dans un verger, de parents honnêtes ; mais... Ici, un violent accès de toux lui coupa la parole.

— Ne faites pas attention, reprit-elle en coupant chacun de ses mots ; malgré le mauvais temps, j'ai voulu me montrer avec une robe blanche un dimanche d'avril dernier, et j'ai pris un catarrhe. Elle voulut continuer, mais à chaque instant une toux de plus en plus opiniâtre l'arrêtait.

— Reposez-vous, lui dit le Cactus : vous êtes frileuse de votre nature, et malheureusement pour vous, aussi coquette que frileuse. Nous devinons votre histoire sans qu'il soit besoin que vous la racontiez. Ne faites pas d'efforts inutiles qui aggraveraient encore votre mal. Vous étiez jeune, l'hiver vous avait claquemurée dans votre cellule ; vous étiez impatiente de vous faire voir avec votre beau déshabillé neuf, qui vous rendait si jolie ; mais une robe blanche ne fait pas le printemps. Heureusement il y a, dans l'endroit où nous retournons, des espaliers bien chauds qui vous permettront d'endosser au printemps vos gazes les plus légères sans craindre les giboulées. Il s'agit seulement de retrouver notre chemin.

— C'est cela ! répétèrent en chœur toutes les Fleurs ; retrouvons notre chemin.

L'OISEAU BLEU

Cela était plus facile à dire qu'à exécuter. Trois voies s'ouvraient devant les pauvres Fleurs égarées : laquelle choisir ? La solitude régnait autour d'elles ; pour comble de malheur, le soleil s'abaissait derrière les arbres, et la nuit vient vite dans une forêt. Nos voyageuses se lamentaient de plus belle, lorsque tout à coup elles virent un bel oiseau bleu qui vint se poser sur un arbre voisin du lieu où elles étaient assises.

Son bec était d'or, ses yeux d'émeraude, ses ailes de turquoise. Il les agita trois fois en regardant les Fleurs.

— C'est lui ! s'écrièrent-elles à la fois, c'est l'Oiseau bleu, notre ami ! Bel Oiseau bleu, nous reconnais-tu ?

L'Oiseau inclina doucement et gracieusement la tête comme pour dire : Oui.

— Sommes-nous encore bien loin du jardin de la Fée, de notre doux pays ?

L'Oiseau vola sur une autre branche plus éloignée, en faisant un petit mouvement de tête du côté des Fleurs.

— Il nous fait signe de le suivre, dit la frileuse ; hâtons-nous, mes sœurs, hâtons-nous.

En effet, elles marchèrent dans la direction de l'Oiseau. Dès qu'elles furent parvenues près de l'arbre sur lequel il était, il reprit son vol, et se posa à deux cents pas plus loin. La nuit, les yeux de l'Oiseau bleu brillèrent comme deux étoiles dans la ramée, et pour donner du courage aux Fleurs fatiguées, il se mit à chanter. Nous ne dirons pas le nombre de lieues que les Fleurs firent pendant la nuit. On peut, sans exagération, le porter à plus de six mille.

A l'aurore, l'Oiseau bleu cessa de se faire entendre, les Fleurs ne le virent plus : elles étaient arrivées.

Aralia.

SOSPIRI

—

LE LISERON DES CHAMPS

———

JE suis une pauvre Fleur qu'on laisse se flétrir sur sa tige. Aucune jeune fille ne vient me cueillir pour se parer le dimanche.

Mon cousin le Coquelicot me méprise ; mon frère le Bluet, tout fier de servir de guirlande aux bergères, ne m'adresse jamais la moindre parole de consolation. Il n'est pas jusqu'à mon voisin le Pied-d'Alouette qui ne me regarde d'un air dédaigneux en se dandinant sur ses longues jambes.

Et pourtant, l'autre jour, je me suis glissé hors du sillon natal ; j'ai traversé le pré en silence, je suis arrivé jusqu'au bord de l'eau, et là, passant ma tête entre les roseaux, je me suis miré tout à mon aise.

Je ne suis pas plus laid que mon cousin le Coquelicot, que mon frère le Bluet et mon voisin le Pied-d'Alouette.

Personne ne prend garde à moi cependant, on me délaisse; le Grillon lui-même s'enfuit quand je l'appelle. Il me fixe un moment avec ses yeux effarés, secoue ses longues antennes, et ne fait qu'un saut jusqu'à son trou.

Je suis la plus malheureuse de toutes les Fleurs, personne ne m'aime !

Ainsi parlait le Liseron des champs en poussant de longs soupirs.

Une Coccinelle, un de ces jolis insectes tachetés que les enfants appellent Petites Bêtes du bon Dieu, passait près de là ; elle entendit les lamentations du Liseron.

— Pourquoi murmures-tu contre ton sort? lui dit-elle. Depuis quand les hommes comprennent-ils la grâce qui se cache dans la solitude et dans la pauvreté ? Ils passent auprès d'elle sans l'apercevoir, mais Dieu la voit et en jouit ; c'est pour lui seul qu'il a fait des cœurs humbles et les petits Liserons des champs.

Fleur de Capucine,
ep., éperon.

AUBÉPINE

L'AUBÉPINE & LE SÉCATEUR

— CONTE —

Voyant un jour ses enfants et ses petits-enfants s'étendre autour d'elle en jets aventureux, une Aubépine leur tint ce langage :

— Croyez-moi, mes chers enfants, ne dépassez pas ainsi les limites de la haie natale, ne vous avancez pas, ainsi que vous le faites, sur le bord du chemin, ne vous hasardez pas au milieu des arbres voisins ; prenez garde ! autrement le Sécateur vous croquera.

— Qu'est-ce que le Sécateur ? s'écrièrent à la fois les jeunes Aubépines.

— Demandez à votre mère, ma fille aînée, répondit l'aïeule. Un jour qu'elle était bien petite, qu'elle fleurissait à peine, je lui avais permis de se balancer sur le bord du ravin ; il venait de pleuvoir, et je me séchais au soleil, lorsque j'entendis des bruissements de frayeur ; je tournai la tête et je vis le Sécateur qui menaçait votre mère, j'eus à peine le temps de m'élancer, de la prendre dans mes bras et de l'arracher aux dents

du monstre, qui déjà ouvrait une gueule mena-
çante. Il passa si près de nous que je sentis
presque le froid de sa morsure ; j'entendis le cri
strident qu'il poussa en fermant sa mâchoire.
Heureusement nous étions à l'abri.

Les petites Aubépines frissonnèrent de terreur et se serrèrent les unes contre les autres.

— Mère, dirent-elles, apprends-nous comment est fait le Sécateur, afin que nous puissions
l'éviter quand nous serons grandes.

— C'est surtout alors, mes enfants, reprit
l'aïeule, qu'il deviendra dangereux pour vous!
Le Sécateur, quoiqu'il soit un peu ogre de sa nature, n'aime pas la chair jeune. Il choisit les
branches qui dépassent les autres en vigueur et
en santé, et il en fait sa pâture. Le Sécateur, mes
enfants, n'a que deux jambes et une gueule; ses
lèvres minces sont effilées et tranchantes comme
le fer. Il n'obéit qu'à un maître encore plus cruel
que lui : ce maître s'appelle l'Horticulteur.

L'Horticulteur, mes enfants, est l'ennemi juré
des pauvres plantes et des malheureux arbustes,
les arbres même n'échappent pas à sa férocité !
Il rêve sans cesse quelles nouvelles tortures il
pourra leur infliger. J'ai vu des abricotiers qu'il
clouait les bras en croix contre un mur exposé
tout le jour au soleil. D'autre fois, c'est un cerisier
et un prunier qu'il ampute; puis, par une amère
dérision, il ente le bras de l'un sur l'épaule de
l'autre. L'if et le buis sont ses victimes ordinaires ; il les force à marcher sur la tête, à *ramper*

en cerceau, à prendre les pauses les plus bizarres, les plus difficiles, les plus contre nature. S'ils ont l'air de rechigner et de vouloir revenir à leur posture naturelle, vite il appelle le Sécateur pour les mettre à la raison.

Méfiez-vous de l'Horticulteur, mes enfants : son air est doux, sa physionomie tranquille. Il porte ordinairement une casquette grise, une redingote marron et des lunettes ; il se promène dans les champs, les mains dans ses poches et la bouche souriante. Son abord inspire la confiance. Il s'approche de vous doucement ; vous regarde d'un air paternel ; il semble prendre plaisir à voir vos branches luxuriantes se mêler, se joindre, s'embrasser les unes les autres. Malheur à celles qu'il caresse de la main ! Le Sécateur est là derrière lui ; c'est le signal qui lui indique qu'il peut s'élancer sur sa proie.

N'imitez pas ces plantes et ces arbustes qui ont voulu mener la vie luxueuse des jardins. La tyrannie impitoyable de l'Horticulteur leur fait expier leur folle ambition. Restez aux champs, mes enfants, restez solitaires et cachées si vous voulez éviter le Sécateur.

Ces conseils de la vieille mère, ses enfants les ont suivis ; l'Aubépine est, grâce au ciel, un des rares arbustes sur lesquels ne se soit point appesantie la main de l'Horticulteur.

Dieu protège l'Aubépine.

VIGNE

CHANSON

—

LA VIGNE

Les vendangeuses sont parties pour la vendange ; elles vont cueillir le raisin mûr.

Écoutez leurs cris et leurs chansons, maintenant qu'elles reviennent ; voyez leurs yeux, comme ils brillent ; la chaleur des grappes vermeilles s'est répandue sur leur visage.

Elles se tiennent par la main, et elles chantent en chœur la chanson de la Vigne, la jolie chanson du vigneron.

« Je suis le mari de la Vigne. Alerte, bon vigneron !

« J'étais bien jeune quand je l'ai épousée, et elle aussi, la pauvre petite Vigne ; elle n'était pas plus haute que ma main.

« Je lui suis resté bien fidèle, pourtant.

« C'était ma maîtresse, mon trésor le plus précieux. Le dimanche, je le passais auprès d'elle ; j'écartais les cailloux de son chemin, j'arrachais les mauvaises herbes de ses pas, je passais de longues heures devant elle à la regarder.

« Hiver, été, par le chaud, par le froid, par le vent, par la pluie, c'est pour elle que je travaillais. Il ne faut pas rester les bras croisés quand on est le mari de la Vigne.

« Toujours nous avons fait bon ménage.

« Voyez les jolis enfants qu'elle m'a donnés ! Leur troupe couvre le coteau, et puis, là-bas, dans la plaine, voilà mes petits-enfants.

« Elle, la mère, n'a pas quitté le seuil du logis ; regardez-la toute charnue et vigoureuse ; elle a de longs cheveux flottants, elle se tient droite encore ; elle m'entoure de ses deux bras, lorsque j'entre dans ma chaumière ; elle me regarde d'un air doux, quand, au soleil couchant, je vide à son ombre la coupe du soir.

« Chantons la Vigne, la femme du vigneron.

« Elle est bonne nourricière ; un lait rouge coule de son sein ; il fortifie le faible et fait naître les bonnes pensées au cœur du fort. Malheur à celui qui, après avoir goûté le lait de la Vigne, n'aime pas mille fois davantage sa maîtresse, ses amis, sa patrie ?

« Le vin n'a jamais fait de lâches, ni de traîtres ; le vin attire le cœur sur les lèvres. C'est la Vigne qui nous donne le vin !

« Aussi, quand au printemps elle livre à la

brise le parfum pénétrant de sa petite fleur
verte, tout le monde est heureux, tout le monde
se sent renaître, et l'on attend l'automne pour
célébrer le mari et la femme, la Vigne et le
vigneron. »

L'Ancolie.

LE
CHAPITRE DES BOUQUETS

On écrirait des volumes sur le rôle que jouent les bouquets dans la société, et nous n'avons qu'un chapitre à leur consacrer.

Le bouquet prend toutes les formes, tous les caractères, toutes les physionomies : il est mince, il est fluet, il est gros, il est massif ; il est moral, il est dangereux, il est filial, il est galant, il est conjugal, il est adultère ; il a l'air sincère, menteur, naïf, évaporé. On peut dire d'une femme qui arbore certaines fleurs, qui les porte d'une certaine façon, qu'elle a jeté son bouquet par-dessus les moulins.

Nous ne dirons que quelques mots du bouquet patronal.

Le bouquet-Marie, le bouquet-Louise, ont leur grâce ; mais le bouquet-Scolastique, le bouquet-Marceline, qu'en pensez-vous ? Et le bouquet-Chrysostome, le bouquet-Pancrace, le bouquet-Jean. Quels atroces bouquets !

Il y a d'ignobles, de ténébreux bouquets qui

s'introduisent chez vous pour capter votre héri-
tage, ou votre protection : des bouquets qui
s'adressent à votre bourse. Méfiez-vous de ces
bouquets!

Il y a aussi le bouquet pique-assiette, le bouquet qui veut avoir son couvert mis à votre
table, le pauvre diable de bouquet qui vous
dit : Invitez-moi.

N'oublions pas le bouquet collectif, le bouquet
des dames de la halle : il s'adresse à la fortune,
à la gloire, à la naissance, à tout ce qui brille;
c'est le bouquet de la louange banale. On ne le
reçoit pas avec moins de plaisir pour cela ;

Le bouquet domestique, celui du portier, de
la bonne, du fermier, du garçon de bureau,
espèce de pauvre honteux qu'il ne faut jamais
repousser ;

Le bouquet politique. On doit le recevoir avec
recueillement, et lui adresser une harangue;
c'est le plus ennuyeux de tous.

Il faut bien mentionner aussi le bouquet qu'on
dépose sur les genoux de l'aïeule octogénaire;

Le bouquet que, tout enfant, on donne à sa
mère en lui sautant au cou;

Le bouquet qu'au sortir de la maladie d'une
sœur chérie vous allez porter à l'église en famille
pour orner l'autel de la Vierge;

Le bouquet qu'on ramasse dans un bal et
qu'on garde précieusement; il y a encore des
gens qui ramassent des bouquets, quoique le
nombre en diminue tous les jours.

Le bouquet que l'on jette à une danseuse, le bouquet que l'on donne à sa fiancée ;

Et enfin le bouquet qui pare un cercueil virginal.

Le bouquet est plus souvent un mensonge qu'une vérité, une peine qu'un plaisir. On peut le classer au nombre des petites misères de la vie humaine.

Ne vous est-il jamais arrivé, par un soir d'été ou d'hiver, de vous présenter chez des gens que vous avez tout intérêt à ménager, auprès desquels vous tenez à vous montrer poli, empressé, prévenant ? Vous avez fait votre plus belle toilette, vous rêvez un aimable accueil ; vous sonnez, vous demandez si madame est chez elle. Le oui fortuné est prononcé ; vous entrez radieux. Pour comble de bonheur, la maîtresse de maison est seule : quelle occasion favorable pour lui glisser quelques mots de la place en question. Il va sans dire que le mari est député. La cheminée du salon est encombrée de bouquets de toutes les couleurs, de toutes les dimensions. Un frisson parcourt tout votre corps, vous pâlissez. Votre protectrice, la fée sur laquelle vous comptez, qui a vu votre embarras, se hâte de vous demander si les parfums vous font mal : C'est le jour de ma fête, ajoute-t-elle, mes amis m'ont vraiment comblée.

Vous l'aviez oublié !

Celui qui trouverait un mot spirituel pour sortir d'un embarras pareil serait plus fort que

Talleyrand. Cet homme ne s'est pas encore rencontré.

Au contraire, le lendemain on aggrave sa situation en envoyant une énorme jardinière pleine de fleurs. Il y a là pour cinquante francs de sottise de plus.

Et si vous vous mariez, si vous faites officiellement la cour à une héritière, vous voilà condamné à six mois de bouquet forcé.

Quelle imagination ne faut-il pas chaque jour pour varier son envoi ! Aujourd'hui les roses, demain les violettes de Parme, après-demain les camélias ; mais les jours, les semaines, les mois suivants ?

— Charles, vous vous répétez, vous dit votre douce fiancée, vos bouquets baissent. — Terrible avertissement, car du succès d'un bouquet dépend tout le bonheur de la soirée. Aussi quelle continuelle tension d'esprit ! quelle préoccupation perpétuelle ! On passe ses journées chez la fleuriste, on vit avec un bouquet de Damoclès suspendu sur sa tête.

Les fiancées sont plus difficiles à contenter que les femmes. Ajoutez à cela qu'il faut savoir offrir un bouquet ; très peu d'hommes parviennent à se tirer convenablement de cette corvée galante. La plupart sont guindés, chevaliers français apprêtés, troubadours en diable. Le naturel dans ces cas-là est une chose rare.

On est bien fort dans le monde quand on sait présenter un bouquet.

Il y a des gens qui le laissent tomber, ceux qui s'assoient dessus par distraction, ceux qui ne peuvent parvenir à le tirer du fond de leur chapeau, ceux qui le flairent avant de l'offrir. Nous n'en finirions pas si nous voulions énumérer toutes les preuves de maladresse et de mauvais goût que peut donner un simple bouquet.

Voyez ce jeune homme qui longe les trottoirs, portant à la main un paquet de forme oblongue soigneusement enveloppé dans un papier éclatant de blancheur. Il évite les passants, il se glisse le long des murailles, il court, il vole. Il en est au premier bouquet. L'acceptera-t-on? Voilà la question. On l'acceptera, malheureux, garde-toi d'en douter! C'est le bouquet de Pandore que tu tiens à la main : de là vont sortir les loges, les dîners, les parties de campagne, les robes de soie, les bijoux et tous les maux qu'un premier bouquet traîne à sa suite. Crois-moi, jeune homme, il en est temps encore, déchire-le, anéantis-le, ce bouquet; ne franchis pas le seuil de l'esclavage. Mais il ne m'entend pas; il est entré, le bouquet l'a entraîné dans l'abîme!

Il y a des gens qui vous diront : Le bouquet est à la Française ce que l'éventail est à l'Espagnole, et de là cinq ou six pages de dissertation. Nous respectons trop le lecteur pour lui imposer ces lieux communs : laissons cela à ceux qui, en fait d'observations, restent toujours en rhétorique. De toutes les femmes, la Française est celle à qui le bouquet va le moins bien. Il em-

2.

bellit la démarche sentimentale, la physionomie mélancolique de l'Allemande et de l'Anglaise. Avec l'Italienne, le bouquet intervient dans la conversation ; il parle, il gesticule, il baisse la tête ou la relève ; il est tour à tour plein de tendresse et de colère ; il a une âme, des sens ; il anime la scène, il vit. Qu'est-ce qu'un bouquet entre les mains d'une Francaise ? Un personnage muet, une espèce d'automate dont les mouvements sont réglés par ce mécanisme qui s'appelle l'étiquette.

Aussi en France tous les bouquets ont l'air ennuyé. Voyez-les au concert, au spectacle, au bal, jeunes ou vieux, célibataires ou mariés, aucun sentiment autre que celui de la fatigue ne se trahit sur leur physionomie uniforme et monotone. Je ne suis pas Hoffmann, mais j'affirme avoir vu sur le rebord de certaines loges à l'Opéra des bouquets qui bâillaient ; d'autres dormaient. L'énorme bouquet de Mme V... ronflait positivement.

Le bouquet a depuis longtemps perdu toute valeur sentimentale. Je ne connais pas sa situation philosophique et morale dans les autres pays ; mais, en France, il n'y a plus que les amoureux du Gymnase qui séduisent les femmes en glissant des lettres dans leurs bouquets.

Le bouquet n'est plus banni du ménage, le mari l'a amnistié. Il faut en prendre notre parti, le bouquet n'est plus qu'un mythe, un symbole, une illusion. En fait d'idées et de sentiments an-

ciens, ne faisons pas trop cependant les esprits
forts. Quand les croyances s'en vont, les supers-
titions restent. Qui sait, nous qui rions du bouquet, s'il ne nous arrivera pas de pleurer en
retrouvant, un de ces quatre matins, au fond de
quelque tiroir, oublié, une touffe de feuilles
desséchées !

Grappe composée de Troëne (*Ligustrum vulgare*).

MYOSOTIS

ROMANCE

—

LE MYOSOTIS

Cette fleur d'azur, cette douce fleur
Qu'avant de partir, hier, je t'ai donnée,
Écoute sa voix, écho de mon cœur,
Écoute sa voix tendre et parfumée
    Qui te dit tout bas,
    Qui te dit tout bas :
    Ne m'oubliez pas,
    Ne m'oubliez pas !

Oh! garde-la bien jusqu'à mon retour,
Et près de ton sein cache-la, ma belle!
Si pendant l'absence, un autre d'amour
Voulait te parler, cette fleur fidèle
    Te dirait tout bas,
    Te dirait tout bas :
    Ne m'oubliez pas,
    Ne m'oubliez pas !

C'est le Myosotis qui te parlera
De moi, si je meurs loin de cette terre :
Même près d'un autre il répétera
De ton seul ami l'unique prière,
    En disant tout bas,
    En disant tout bas :
    Ne m'oubliez pas,
    Ah! ne m'oubliez pas !

Romance

LE MYOSOTIS

MUSIQUE DE M. AUGUSTE MOREL

Cet te fleur d'a - zur, cet-te dou - ce fleur Qu'a-vant de par - tir hier je t'ai don -

... né - e,   É-cou-te sa voix,   é-cho de mon cœur,   É-cou-te sa

poco rit.   *a tempo.*

voix   tendre et par-fu - mé - e,   Qui te dit tout bas,   Qui te dit tout

rit. colla voce.

bas: Ne m'ou-bli - ez   pas,   Ne m'oubli - ez   pas,

ad lib.

colla voce.

pp

Oh gar-de-la bien jus-qu'à mon re-tour, Et près de ton

sein ca-che-la, ma bel-le! Si, pen-dant l'ab-sen-ce un au-tre d'a-

-mour Vou-lait te par-lèr, cet-te fleur fi-dè-le, Te di-rait tout

bas, Te di-rait tout bas: Ne m'ou-bli-ez pas, Ne m'ou-bli-ez pas.

C'est le myo-so-tis qui te par-le-ra De moi si je

meurs loin de cet-te ter-re; Mê-me près d'un au-tre il ré-pé-te-

-ra De ton seul a-mi l'u-ni-que pri-è-re, En di-sant tout

bas En di-sant tout bas: Ne m'ou-bli-ez pas, Ah! ne m'oubliez pas.

LES PARFUMS

Les parfums sont bien déchus de leur ancienne importance, depuis la mort des trente-deux mille divinités ou sous-divinités du monde païen.

Les parfums ont perdu leur caractère religieux. Les temples, les autels ne fument plus; c'est à peine si on brûle quelques grains d'encens dans les églises.

La chambre nuptiale et la salle des festins ne sont plus parfumées; les fontaines d'eau odorante ne coulent plus dans les fêtes publiques.

L'extrême civilisation et la barbarie, le paganisme et le moyen âge se touchaient par un point: l'amour des parfums.

Le fashionable grec ou romain se serait cru déshonoré s'il se fût montré dans le monde sans que ses cheveux, sa barbe, ses vêtements fussent parfumés; le baron féodal aurait trahi les lois de l'hospitalité si l'hôte, en se mettant à table ou en entrant dans son lit, n'eût respiré l'odeur fortifiante de quelque parfum.

Il est vrai qu'à cette époque, où la chimie

avait fait peu de progrès, une jonchée de roses,
ou l'odorante ramée du bois voisin, suffisait aux
besoins de l'odorat, et formait tout l'art de la parfumerie.

Notre siècle n'a point hérité de ce goût. Le
parfum n'existe qu'à l'état de tolérance ; on s'en
sert, mais on ne l'avoue pas.

Par quel enchaînement bizarre de faits et
d'idées est-on venu à cette hypocrisie du parfum ?

Cette étude nous entraînerait trop loin ; d'ailleurs, elle n'est pas de notre sujet. Bornons-nous
à constater un fait accompli.

Aujourd'hui, un homme n'ose pas avouer qu'il
met de la pommade à ses cheveux. *Voilà un
monsieur qui met de la pommade ;* cette phrase
est caractéristique. Si on la prononce sur votre
compte, vous êtes classé, étiqueté, jugé.

Il suffit d'humecter son mouchoir de quelques
gouttes d'eau de senteur, pour se donner le
vernis de petit-maître et d'homme efféminé. On
tolère, par exemple, l'usage du savon parfumé
pour se laver les mains et se faire la barbe.

Voilà pour les hommes.

Autrefois une femme portait sur elle des parfums sans croire commettre une faute. On sentait
la rose, le jasmin ou la vanille, selon la mode ;
tout le dix-huitième siècle s'est poudré sans ver-
gogne à l'iris. Dire à une femme qu'elle porte
des odeurs, avoir l'air de s'en apercevoir, c'est
se perdre sans retour auprès d'elle.

Mais cependant, me direz-vous, les flacons,

les cassolettes parlent d'elles-mêmes. — Laissez-
les parler, mais faites semblant de ne pas les
entendre. Ma jeunesse, ma beauté, ma fraîcheur,
voilà mes parfums, pensent les femmes ; qu'avez-
vous besoin, malotru que vous êtes, de vous
apercevoir que je sens la violette ou la bergamote ?

La femme, malgré tout cela, ne peut se passer
de parfums, il lui en faut, elle les aime. Aussi
jamais l'art du parfumeur n'a été plus florissant ;
mais toute son habileté consiste à dissimuler, à
voiler, à déguiser le parfum. Aujourd'hui le parfumeur ne distille plus que des paradoxes.

Vous connaissez l'histoire de la culotte du ci-
devant jeune homme ? On peut l'appliquer à la
parfumerie. Faites-moi des parfums, mais s'ils
sentent quelque chose, je n'en veux pas.

La tradition des parfums s'est maintenue pourtant chez quelques honnêtes familles de la province et du Marais. On a des recettes pour fabriquer la marmelade aux abricots et l'essence de
rose, les cerises à l'eau-de-vie et la pommade au
jasmin. C'est de la parfumerie de ménage.

Les mères croient encore à la pommade. Elles
n'ont point renoncé au charme de pommader la
chevelure de leurs enfants. C'est un soin qu'à
l'exemple du Jasmin devenu femme, elles prennent toujours avec plaisir.

Le sachet persiste aussi, malgré la défaveur
générale qui s'attache aux parfums. Il est éternel
comme les pantoufles, les bretelles brodées et le
bonnet grec. Méfiez-vous du sachet !

La parfumerie moderne a poussé si loin le paradoxe, qu'elle est parvenue à proscrire le parfum des Fleurs. Le règne minéral, le règne animal, sont mis à contribution pour satisfaire le caprice des femmes à la mode ; mais on dédaigne le règne végétal. Il faut arriver en droite ligne des colonies ou de Carpentras, pour ne pas tomber en des spasmes terribles rien qu'en respirant l'odeur de l'Œillet ou de la Tubéreuse.

Aussi, le moment est venu de nous écrier : Les parfums s'en vont !

Ce départ a coïncidé avec l'invention des nerfs. En créant la névralgie, la médecine a porté le dernier coup au parfum. On ne l'accepte plus que comme moyen de suicide : au lieu d'allumer un réchaud de charbon, on se contentera de déposer un bouquet de Roses sur sa cheminée. Il y a des romanciers qui ont fait mourir leur héroïne en l'enfermant dans une serre. Je connais un bas-bleu qui garde précieusement chez elle un petit flacon d'essence de rose ; quand la coupe du désenchantement sera pleine, elle respirera le flacon et tout sera dit.

Les parfums sont morts, Vivent les sels !

Mais non, nous ne pousserons pas ce cri antinational. Le sel est un produit de l'invasion étrangère, le sel anglais. Jamais en France, le sel ne régnera !

Le sel est frère du gingembre, du poivre rouge et du vin de Porto. — Il convient à des narines dépravées, à des nez spleenétiques ; il est fils des

climats sombres et brumeux. Le sel fait éternuer:
c'est un tabac minéralogique.

Les Françaises reviendront aux parfums des
fleurs. L'abus des nerfs commence à se faire
sentir; on éprouve assez généralement le besoin
d'en venir aux vapeurs. Sous l'ancien régime,
les parfums les dissipaient.

Et remarquez bien que ces nerfs si délicats,
ces nerfs si susceptibles, consentent à ce qu'on
brûle devant eux des petits bâtons jaunes d'une
composition douteuse, d'un arome suspect, qui
donneraient la migraine à un charbonnier. Il est
vrai que ces petits bâtons arrivent de Chine et
sont fabriqués à Pantin.

Bientôt, il faut l'espérer, nous reverrons ces
temps heureux où les poètes parlaient de la démarche embaumée des femmes et de leur présence qui se trahissait par des parfums. Que de
choses nous aurions à ajouter, à ce que disaient
les poètes ! Le choix du parfum n'était-il pas
une occasion de plus de montrer son esprit ! Il y
avait le parfum du matin, le parfum du jour, le
parfum du soir, le parfum de l'intimité et le parfum du monde; le parfum du boudoir et celui
de la rue ; le parfum heureux, le parfum mélancolique, le parfum du rendez-vous, couleur de
muraille ; enfin, le parfum de tous les sentiments, de toutes les situations, même le parfum
de la constance, toujours le même parfum.

Les femmes ont perdu plus qu'elles ne le
pensent à la suppression des parfums. Sans eux

point de toilette vraiment complète. Ils sont la partie vivante et animée de l'élégance, ils créent à la femme comme une atmosphère de déesse qui semble la séparer de la terre. Les sens ont leurs souvenirs comme le cœur, pourquoi le nez, qu'on me pardonne d'écrire ce mot, presque toujours ridicule, n'aurait-il pas sa poésie ? Vous qui vous rappelez l'étoffe de sa robe, le son de sa voix, la couleur de ses gants, la nuance de ses yeux, la forme de son chapeau, avez-vous oublié son parfum, si elle en portait, et n'avez-vous pas regretté qu'elle n'en portât pas ? Ce serait un moyen de plus de se souvenir d'elle.

Il n'y a de parfum véritable que le parfum des Fleurs ; tous les autres rentrent plus ou moins dans la pharmacie. Que les Françaises laissent les sels aux pâles sectatrices du soda-water ; elles ont banni les Fleurs, mais les Fleurs ne leur tiendront pas rancune : Roses, Lis, Jasmins, Violettes, Tubéreuses, toutes les Fleurs sont encore prêtes à verser le plus précieux de leur sang pour la beauté repentante.

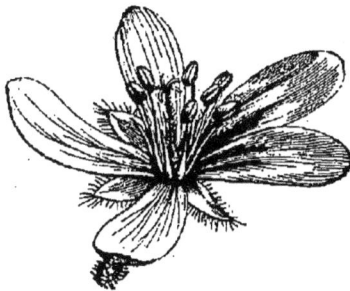

Fleur de *Pelargonium capitatum.*

SCABIEUSE ET SOUCI

FABLE

—

LA SCABIEUSE ET LE SOUCI

———

Assis à l'ombre d'un saule pleureur, le Souci jetait un regard d'envie sur la prairie. — Toutes les Fleurs sont heureuses, se disait-il : moi seul je souffre, on me délaisse, on m'abandonne, personne ne veut me prendre en pitié.

Comme il gémissait ainsi sur son sort, il vit passer dans le ravin une jeune Scabieuse tenant deux petits enfants par la main.

— C'est la Scabieuse qui habite au pied du coteau ; elle a perdu son mari hier ; la voilà veuve avec deux enfants sur les bras ; elle doit être triste comme moi. Eh bien ! je suis sûr qu'elle va faire un détour pour éviter de me rencontrer.

En prononçant ces paroles, le Souci poussa un énorme soupir. La Scabieuse, qui causait en se promenant avec ses deux pauvres orphelins, entendit ce soupir et leva la tête.

— C'est vous qui soupirez ainsi? demanda-t-elle au Souci d'une voix douce.

— Et qui donc serait-ce? répondit le Souci d'un ton bourru; n'ai-je pas raison de soupirer?

— Pourquoi plus qu'un autre? reprit la Scabieuse; tout le monde n'a-t-il pas sa part de tristesse dans cette vallée de larmes? Pour diminuer ses chagrins, il faut se créer des devoirs. Je serais bien malheureuse si mon mari, en mourant, ne m'avait laissé ces deux faibles créatures à soutenir; elles m'ont pour ainsi dire rattachée à la terre, c'est pour elles que je vis.

— Elles vous mépriseront quand elles n'auront plus besoin de vous. Les enfants sont des ingrats.

— Avez-vous été marié?

— Jamais!

— Quels sont vos amis?

— Je n'en veux point, ils sont tous intéressés.

— Aimez-vous vos semblables?

— Non, car ils me détestent.

— Je vous plains de penser ainsi, continua la Scabieuse; mais cela ne m'étonne pas, vous voulez vivre dans la solitude. Cessez d'être misanthrope, croyez-moi; épanchez votre cœur dans le cœur d'un ami, si vous voulez être heureux.

L'isolement aigrit le souci.

LA TRAITE DES FLEURS

Je ne puis traverser un marché aux fleurs
sans me sentir saisi d'une amère tristesse.
Il me semble que je suis dans un bazar d'esclaves,
à Constantinople ou au Caire. Les esclaves sont
les Fleurs.

Voilà les riches qui viennent les marchander;
ils les regardent, ils les touchent, ils examinent
si elles sont dans des conditions suffisantes de
jeunesse, de santé et de beauté. Le marché est
conclu. Suis ton maître, pauvre Fleur, sers à ses
plaisirs, orne son sérail, tu auras une belle robe
de porcelaine, un joli manteau de mousse, tu
habiteras un appartement somptueux; mais,
adieu le soleil, la brise et la liberté: tu es esclave!

Pauvres Fleurs ! on les entasse les unes sur
les autres, on les laisse exposées au vent, à la
poussière, à toutes les intempéries des saisons.
Le passant s'arrête. Redressez-vous, pauvres
Fleurs, faites les coquettes; c'est pour cela que
le marchand vous a conduites au bazar, c'est
sur vous qu'il compte pour s'enrichir.

La plupart restent inclinées sur leur tige ; elles sont languissantes, faibles, étiolées ; les fatigues d'un long voyage, les ennuis de la captivité se lisent sur leurs feuilles pâles. Que leur importe d'être belles ! Avant le soir elles auront passé sous les lois d'un maître inconnu.

Heureuses alors celles que la jeune et laborieuse ouvrière emporte pour orner sa mansarde. L'eau ne leur manquera pas, du moins, ni l'air non plus. Il y a sur le bord du toit une petite place que le soleil regarde en se levant, où l'on entend le chant lointain des oiseaux qui traversent les airs à l'aube naissante ; quand les oiseaux se taisent, c'est la grisette qui se met à chanter. La Fleur peut être heureuse, elle est sa sœur.

Heureuse aussi la Fleur devant laquelle s'est arrêtée, ce matin, cette blonde et rêveuse jeune fille suspendue au bras de sa mère ! On la transportera dans un jardin, au pied de la fenêtre de sa maîtresse. La nuit, elle mêlera ses doux parfums à ses rêves de vierge ; le jour, elle l'entendra soupirer et se pencher, en murmurant un nom confus sur ton calice. Je ne te plains pas, belle Fleur, tu es chez ton amie.

Mais vous, infortunées, qu'un marchand a achetées pour orner son comptoir, qui racontera vos ennuis dans cette atmosphère lourde des boutiques ; qui retracera vos souffrances, pauvres Fleurs d'estaminet perdues dans l'opaque brouillard du cigare, vous si sensibles, si délicates, si nerveuses !

Et vous, hôtesses passagères des palais, Fleurs choisies pour un soir de fête, on ne vous achète pas, on vous loue : au lieu d'être esclaves vous êtes domestiques. Vous faites la haie sur le passage des belles invitées, on vous relègue à l'antichambre avec les valets; vous êtes là, exposées à tous les vents coulis, vous grelottez sous votre robe de gaze légère ; au bout de huit jours de cette existence, vous mourrez d'une phtisie pulmonaire !

Eh bien ! votre sort me semble préférable au sort de cette Fleur qu'une grande dame a achetée dans un moment de caprice. On lui accorde à peine un regard, puis on l'abandonne aux soins de la valetaille insensible et négligente. Souvent on a vu des Fleurs expirer faute d'un verre d'eau ou d'un rayon de soleil. Hélas! les Fleurs n'ont pas de voix pour se plaindre; elles ne savent que courber la tête et mourir.

Arracher une Fleur à son pays natal, la séparer de sa famille, de ses amis, l'exposer sur un marché, n'est-ce pas là un crime de lèse-sensibilité ? La traite des hommes est supprimée, demandons aux Chambres une loi contre la traite des Fleurs. Nous l'obtiendrions si nous vivions encore à l'époque des *Amis de la nature* ; mais, hélas ! ils sont morts avec Jean-Jacques Rousseau et Bernardin de Saint-Pierre !

Quels mots viens-je de prononcer ? Les *Amis de la nature* ont un grand reproche à se faire à l'égard des Fleurs : ce sont eux qui ont propagé l'herborisation et donné naissance à la mode des herbiers.

Avant l'album, l'herbier florissait : depuis l'enfant de douze ans jusqu'à la femme de quarante ans, tous les âges avaient leurs herbiers comme ils ont aujourd'hui leur album. On faisait des parties d'herborisation, comme on fait des parties de campagne. On ne pouvait faire un pas dans les champs sans rencontrer des gens brandissant un scalpel ou des ciseaux. Des femmes qui se seraient évanouies en voyant écraser un ciron, des hommes qui, le matin même, avaient écrit des chapitres ou prononcé des discours contre les tortures infligées aux malheureux nègres, scalpaient, cisaillaient, écorchaient vivants de candides Marguerites ou d'innocents Muguets; on arrachait leurs feuilles une à une, on plongeait le poignard dans leur corolle, on coupait leur corps en trois ou quatre morceaux, on leur infligeait toutes les tortures, tous les martyres, afin, disait-on, de pénétrer les *secrets de la nature*.

Toujours la nature ! Maintenant il n'est plus question que de la science. Les femmes ne s'en mêlent plus, il est vrai, mais on commet les mêmes crimes par *amour de la science*. Si vous essayez d'élever la voix en faveur des plantes, on s'écrie que vous êtes un barbare, un ennemi du progrès, que vous voulez entraver les conquêtes de la *science*, que vous voulez faire rétrograder l'esprit humain jusqu'à cette époque.

de ténèbres où l'on punissait la dissection comme un sacrilège. La dissection! Mais faut-il, pour assurer les besoins de l'anatomie, permettre qu'on s'empare des gens pleins de vie, qu'on les tue pour les emporter à l'amphithéâtre? Est-ce que les plantes et les Fleurs ne vivent pas comme les hommes? Ne sentez-vous pas, cruels *Amis de la science*, que vous n'êtes que d'abominables étouffeurs? si la Pâquerette pouvait crier, vous seriez obligés de jeter sur sa tête un masque de poix !

Ramassez au matin les morts de la prairie : hélas! l'orage, les insectes, l'ardeur du soleil, le sabot du pâtre font assez de victimes ; l'autopsie du cadavre vous est permise, mais respectez les vivants !

Nous ne voulions parler que de l'esclavage des Fleurs, l'indignation nous a fait jeter ce cri. Au surplus, nous ne nous écartons pas trop de notre sujet, puisque nous traitons du sort que les lois humaines font aux Fleurs.

Il est certain que la traite des Fleurs est aujourd'hui un fait patent. Le gouvernement la tolère et l'encourage. Chaque année il expédie, même sous le nom de *Voyageurs du Jardin des Plantes*, des espèces de corsaires qui vont çà et là sur tous les rivages, font des descentes, des expéditions dans l'intérieur des terres, et ramènent captives les Fleurs dont ils ont pu s'emparer. On les transporte en France, on leur donne une case au Jardin du Roi, on les établit en familles; ces Fleurs s'acclimatent, font des enfants, et, quand ils sont arrivés à un certain âge, le gouvernement les arrache au sein de leur mère, et les vend ou les donne à des particuliers.

Cela est affreux ! Quand donc les Fleurs trouveront-elles leur Wilberforce !

Fleurs infortunées ! l'autre jour je passais sur la place de la Madeleine : il y avait un beau Lis qu'un vieillard marchandait.

La Fleur paraissait souffrir dans sa pudeur de se voir ainsi regardée ; parfois on voyait comme un frisson courir sur sa tige, et sa blanche tête se rejeter en arrière : c'était lorsque le vieillard la touchait.

Je regardais le Lis ; je crus voir une larme trembler au fond de son calice ; il me sembla que la Fleur me parlait.

— Achète-moi, disait-elle, ne me laisse pas tomber entre les mains de cet homme. Hélas ! que va-t-il faire de moi ? J'ai peur quand il me regarde, je tremble quand il me touche. S'il me faut le suivre, je mourrai.

— Je te sauverai, m'écriai-je, je te sauverai !

Le vieil acheteur se retourna vers moi d'un air étonné. Il fit signe à un domestique, qui s'empara de la Fleur. Je m'adressai au marchand, trop tard : il avait reçu le prix de l'esclave ?

Je la suivis jusqu'à la porte de sa nouvelle demeure. De loin elle me remerciait d'un sourire doux et résigné.

Je la vis disparaître.

Le lendemain, j'étais devant l'hôtel, je voulais avoir des nouvelles de mon pauvre Lis : un domestique jetait dans la rue une Fleur flétrie.

Combien d'autres Fleurs sont mortes ainsi !

Sedum.

FLÈCHE D'EAU

—

LA FLÈCHE D'EAU

———

Vogue, ma barque, fends le courant rapide : elle m'appelle à l'autre bord ; j'entends sa voix qui me protège !

Ainsi chantait le pêcheur, et s'appuyant sur sa rame, il divisait le flot en laissant après lui un sillon argenté. Sa barque volait comme l'hirondelle : déjà les saules du rivage laissaient voir leur chevelure verte. Le pêcheur redoubla d'efforts. Tout à coup il lui sembla que sa barque, rebelle à la rame, était entraînée doucement vers un point opposé. Au même instant la lune se voila ; il vit, au milieu des joncs, se dresser lentement une belle femme, et il entendit une voix qui chantait :

« Où vas-tu, jeune pêcheur ? Écoute, je suis la blanche reine de l'onde. La rive est pleine de désillusions ; suis le courant qui t'entraîne vers moi ; je te montrerai le chemin qui conduit dans mes bleuâtres royaumes, vers mon palais de cristal. Ne me connais-tu pas ? Le soir, c'est moi qui t'endors au bruit de mes soupirs expirant sur la grève ; c'est ma fraîche haleine que tu respires le matin sur le seuil de ta chaumière. Vois, ta barque d'elle même marche vers moi. Laisse-toi aller, pêcheur, suis le courant qui te guide. »

Le pêcheur, pâle d'effroi, gardait le silence. Le malheureux s'était approché de cet endroit mystérieux où s'élève la Flèche d'Eau au milieu de mille plantes aquatiques. Les rameurs qui ont obéi à son appel n'ont plus reparu au village ; on les a trouvés bien loin sur le rivage, frappés de nombreuses blessures. La menteuse divinité les avait percés de ses dards.

Ces histoires se présentèrent à l'esprit du pêcheur, mais l'ondine chantait toujours, une fascination involontaire le privait de ses forces, il allait abandonner l'aviron.

Tout à coup, son nom répété trois fois retentit sur la rive. — Vogue, ma barque, s'écria le pêcheur ranimé, fends le courant rapide : elle m'appelle à l'autre bord ; j'entends sa voix qui me protège !

Il s'éloigne, et l'ondine disparaît, ne laissant après elle qu'un cercle d'argent sur l'eau.

LES FLEURS PERDUES

Les anciens, plus heureux que nous, connaissaient une foule de Fleurs dont on ne
trouve plus de traces sur la terre ; elles ont disparu. La nature, en les supprimant, a voulu nous
punir, sans doute, de la tiédeur de notre culte
pour elles. Leurs charmes, leurs propriétés particulières, constituent une perte bien grande
pour les commodités ou les plaisirs de l'humanité. Quel malheur, par exemple, pour les glaciers et les limonadiers, que nous ne possédions
plus la *coracesia*, cette Fleur qui, au dire de
Pythagore, faisait geler l'eau ! et l'*aproxis*, qui,
s'enflammant au moindre contact, remplaçait si
avantageusement les allumettes chimiques alle-
mandes ou françaises ! et le *baaras*, ce cierge
embaumé des montagnes du Liban ! L'historien
Josèphe raconte que la longue tige du *baaras*
s'allumait d'elle-même, le soir, et brûlait jusqu'au matin sans se consumer. Quel bonheur si,
au lieu de nos tristes réverbères, de nos becs
de gaz puants, nous étions éclairés, en passant
dans chaque rue, par une double rangée de

beaux arbres enflammés! Pourquoi ne trouve-t-on plus de graine de *baaras*?

Épouses qui soupirez après un enfant, au lieu de vous confier à la vertu d'une eau sulfureuse et nauséabonde; et vous, vieillards, qui essayez en vain de combattre les ravages des années, que n'avez-vous pas un brin de ce fameux *dudaïm*, qui ne fleurit malheureusement plus que dans les livres hébreux, et qui rendait les femmes fécondes et les hommes éternellement jeunes!

L'existence de l'*achemys* résoudrait bien mieux que les chemins de fer le problème de la paix universelle. L'*achemys* avait la propriété de mettre en fuite ceux qui le touchaient. Comment songer à la guerre avec une arme qui disperserait les armées opposées et les empêcherait de se rejoindre?

Beaucoup de gens regretteront le *népenthès*, cette Fleur, souvent consolante, qui faisait perdre la mémoire, surtout en songeant au *moly*, qui vous rendait à l'instant même le souvenir. Circé administra du *népenthès* à forte dose aux compagnons d'Ulysse; celui-ci les guérit en leur faisant avaler à temps une contre-dose de *moly*.

N'oublions pas le *sylphion*. Au mois de la floraison, cette plante laissait couler de sa tige une résine précieuse qui, séchée et réduite en poudre, guérissait tous les maux, même la colique et le mal de dents; c'est Pline qui l'assure. Cyrène était la ville où l'on cultivait le remède universel. César, en s'emparant de Cyrène, abandonna le trésor public à ses lieutenants, et se réserva la provision de *sylphion* conservée dans le susdit trésor à l'égal des matières les plus précieuses.

Rappelons aux gastronomes le *borahmez*, cette Fleur entièrement semblable à un agneau. Recouverte d'une blanche toison, elle reposait sur quatre tiges ; ses feuilles laineuses figuraient les oreilles et la queue. A la moindre incision, une liqueur rouge comme du sang s'échappait de la plante ; on voyait sa pulpe rose et sanguinolente comme la chair. Si on la mettait au feu, elle répandait tout de suite dans les airs un délicieux parfum de gigot rôti. Au moins, dans le pays où croissait le *borahmez*, les voyageurs n'avaient pas besoin de faire des provisions de route. L'histoire ne nous dit pas le nom de cette bienheureuse contrée où l'on pouvait ainsi cultiver des côtelettes sur la plante ; ce doit être le pays de Cocagne, déjà connu de l'antiquité.

Les anciens possédaient aussi la Fleur qui rend les amours éternelles.

La Fleur qui donne la gaieté : les modernes s'imaginaient l'avoir remplacée par le *hachisch*.

La Fleur qui chante existait encore pendant le moyen-âge. Albert le Grand affirme l'avoir entendue. Pendant les nuits sereines de l'été, au milieu du silence de la nature, on entendait tout à coup vibrer une voix pure et harmonieuse dont les notes montaient vers le ciel. C'était la Mandragore qui chantait sa nocturne mélodie. Ceux

qui l'écoutaient se sentaient saisis d'une émotion
inexprimable ; leur cœur battait avec une douce
violence, des larmes de tendresse mouillaient
leurs yeux. Quelquefois le rossignol essayait de
lutter avec la Mandragore ; mais bientôt le charme
agissait sur lui, ses roulades devenaient peu à
peu plus lentes, sa voix plus faible, puis il se tai-
sait pour écouter sa rivale victorieuse. La voix
de la Mandragore portait bonheur à ceux dont
elle frappait une fois les oreilles ; toute leur vie
ils l'entendaient retentir au fond de leur cœur :
c'était la Poésie qui leur avait parlé.

Hélas ! les nuits d'été sont toujours sereines,
les rossignols lancent encore dans les airs leurs
mélodieuses fusées ; mais la Mandragore ne
chante plus !

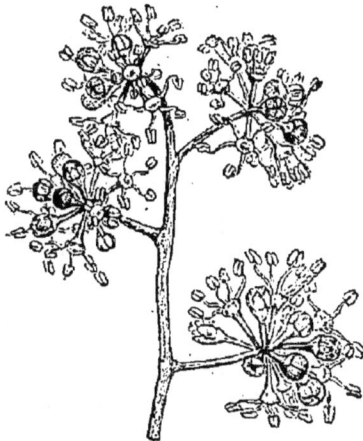

Ombelles en grappe de
Lierre (*Hedera helix*).

GUZLA

—

LE CYPRÈS

———

ENFANT, je venais m'asseoir sous ton ombre, et mon âme, suivant le vol des colombes qui se dirigeaient vers le Bosphore, se perdait avec elles dans l'azur du ciel.

Maintenant, je m'avance d'un pas lent et fatigué; j'étends avec peine mes membres vers la terre, mon âme ne vole plus avec les colombes : l'enfant est devenu un vieillard.

Tu me prêtes encore ton ombre, beau Cyprès ; ton tronc droit, élancé, me sert d'appui ; je vois d'ici le tombeau de mon père, la place où sera le mien.

Le Cyprès monte droit vers le ciel, comme la prière du vrai croyant ; il me semble que la voix de ceux que nous avons aimés nous parle dans le murmure de ses branches.

Il y a bien longtemps que nous nous connaissons, vieux Cyprès ; chaque jour je viens près de toi aspirer l'odorante fumée de mon narghiléh, et puis rêver en égrenant mon long chapelet. Tu connais toutes mes pensées ; tu peux dire si jamais j'ai eu peur de la mort.

Je t'aime, au contraire, parce que tu m'y fais penser. Quelle idée plus douce que celle de la mort à l'homme qui a longtemps vécu !

Oh ! quand mon âme pourra-t-elle s'envoler loin, bien plus loin que les colombes qui se dirigent vers le Bosphore, plus haut que les minarets de Sainte-Sophie, au delà des nuages, au-dessus du bleu firmament !

C'est là que nous attend le bonheur éternel ! Viens, ange de la mort, viens frapper à ma porte, le vieillard est prêt à partir.

Brises qui chantez dans ce Cyprès, apprenez-moi l'instant de ma délivrance : chaque jour je viens vous le demander, et vous ne me répondez pas.

Fleur de *Calicanthus floridus*.

LETTRE CRITIQUE ET PHILOSOPHIQUE

DU

DOCTEUR JACOBUS

A L'AUTEUR

MONSIEUR,

OUBLIANT le respect que vous devez à un homme de mon importance, vous vous êtes permis, non seulement de me faire figurer dans votre livre, mais encore de me prêter un rôle que ma haute position ne me permet point d'accepter. Vous prétendez que la Pensée errante, ayant reçu l'hospitalité chez moi, me révéla par reconnaissance le langage des Fleurs. S'il faut vous en croire, je me suis montré émerveillé de cette découverte. Pour qui me prenez-vous, Monsieur ?

Il faut que vous sachiez que les esprits vraiment philosophiques de ce temps-ci ne considèrent plus, depuis longtemps, le prétendu langage des Fleurs que comme une puérilité, une faribole, une véritable mystification. Les grandes intelligences, dont je fais partie, se sont élevées à la seule conception qui puisse rendre un compte exact de la signification morale des Fleurs : cette conception, c'est l'analogie universelle.

La nature, Monsieur, a créé, dans certains animaux et végétaux, des images de nos passions. La vipère représente la calomnie; le chien, la fidélité; le gui est l'emblème du parasite. Ce sont ces rapports symboliques qui établissent l'état d'analogie entre l'homme et la création. Pour ne parler que des plantes, chacune d'elles est un miroir fidèle de nos sentiments et de nos passions. Un parterre est un musée où revivent en tableaux fleuris et animés nos vices et nos vertus.

La science qui doit expliquer ces ressemblances, c'est l'analogie ou physiologie comparée. Les anciens avaient entrevu cette méthode. Chaque chose inanimée, les Fleurs surtout, renfermait une allusion aux choses animées. Mais les anciens méconnurent la réalité pour s'égarer dans le monde des fictions ; ils furent poètes, mais non analogistes ou psychologues.

Vous avez suivi pas à pas les traces des anciens; aussi vous êtes non seulement resté en arrière des notions nouvelles, mais encore vous avez commis des erreurs énormes, faute de recourir aux principes de l'analogie universelle.

Permettez-moi, Monsieur, de recourir à quelques exemples :

Je lis dans votre prétendu Langage des Fleurs que la Fleur d'Oranger représente le mariage.

Cela s'écrit et se débite depuis des siècles : une
jeune fille ne se croirait pas bien et dûment
mariée si, le jour de ses noces, elle ne portait
pas une couronne d'oranger sur la tête. Je
n'ignore point cela, mais quels rapports existe-
t-il entre cette Fleur et le mariage? On pourra
faire à ce sujet, ainsi que vous l'avez tenté, beaucoup de poésie, mais voilà tout. La poésie ne
donnera pas la clef de ce mystère. Recourez à
l'analogie, vous trouverez tout de suite la plante
qui symbolise le mariage.

Vous avez sans doute été frappé plus d'une
fois de l'aspect lugubre que présente le grand
Iris tacheté de noir. Il montre orgueilleusement
ses couleurs sombres, alliant à la fois la richesse
à l'uniformité. N'est-ce pas là l'emblème de ces
unions princières qui se concluent au milieu de
la pompe, et qui se consument plus tard dans la
monotonie de l'ennui? L'Iris bleu, l'Iris jaune,
l'Iris papillon, représentent au contraire les
mariages heureux.

Deux corolles paraissent alternativement sur
l'Iris. La seconde ne paraît que lorsque la première est flétrie. C'est l'image du lien qui unit
quelquefois un vieillard à une jeune fille : l'âge
du bonheur commence pour l'une, et finit pour
l'autre.

Le réceptacle d'étamines a la forme de chenille,
en souvenir des calculs sordides qui président
trop souvent au mariage. La feuille de l'Iris
commun est écrasée, en signe de la misère qui

frappe les petits ménages; elle se termine par une pointe desséchée, comme pour montrer le résultat stérile des efforts de la pauvreté.

Vous voyez, Monsieur, par quelles puissantes raisons d'analogie la Fleur du mariage doit être l'Iris, et non pas l'Oranger. Mais je continue l'examen détaillé de vos sophismes :

La Rose, selon vous, représente la beauté. Erreur profonde, qui dénote en vous un jugement des plus superficiels et des plus routiniers. La Rose, c'est la pudeur de la jeunesse.

Elle a toutes les couleurs du jeune âge, elle affectionne les lieux frais, en symbole de la fraîcheur de jeunesse dont elle est douée. Son parfum est un arome qui enivre doucement comme l'affection qu'inspire une jeune fille. La Rose ne plaît véritablement que lorsqu'elle est demi-éclose; entièrement épanouie, elle paraît moins belle. Ainsi l'innocence est préférable à la beauté.

Au mot *dédain* correspond, dans votre Langage des Fleurs, l'*Œillet*. Qu'ont-ils ensemble de commun? L'Œillet tombe et traîne à terre sa tige élégante; il faut qu'une main amie le soutienne, et lui donne pour appui une branche d'osier nommée tuteur. Les pétales de l'Œillet brisent leur enveloppe et s'échappent en désordre. La main de l'homme doit aider à rompre les barrières du calice, et un ingénieux encartage favoriser le développement des pétales, — alors la Fleur devient belle. N'est-ce point là le symbole le plus gracieux de la maternité.

Et le Lis, Monsieur, qu'en avez-vous fait du Lis ? En vérité, c'est à n'y rien croire ; il est pour vous synonyme de majesté. Observons les signes distinctifs du Lis. Sa tige est droite et ferme, elle est entourée de gracieuses folioles. Ainsi, l'homme véridique marche fièrement et posément, entouré de l'estime que font naître ses actions. La corolle du Lis est un triangle sans calice ; la vérité ne se cache pas, l'homme juste fuit le mystère. La racine bulbeuse du Lis est ouverte de toutes parts, et laisse voir l'intérieur de l'oignon. L'homme véridique attire tout d'abord par le parfum de franchise qu'il exhale, mais on s'éloigne souvent pour toujours après s'être frotté à lui une seule fois. Le Lis barbouille d'une poudre jaunâtre ceux qui s'approchent de lui, attirés par son odeur. La vérité ne peut vivre que dans la solitude : les femmes surtout la redoutent, ainsi que les riches et les gens du monde. On n'offre pas des bouquets de Lis, on ne place pas cette Fleur dans un salon. On la relègue dans quelque coin retiré de son parterre. Le Lis ne paraît que dans les fêtes publiques ; on en orne les statues des saints, on en met aux mains des enfants. Il n'y a qu'au ciel et sur les lèvres des enfants que se trouve la vérité.

Voilà donc, de compte fait, quatre articles importants : mariage, beauté, vérité, maternité, auxquels vous n'avez rien compris. Voyons si votre Langage des Fleurs expliquera mieux l'article pauvreté.

4.

Le Buis habite les lieux arides et les terrains ingrats, comme l'indigent qui est réduit au plus chétif domicile. On voit les insectes s'attacher au Buis comme au pauvre qui n'a pas le moyen de s'en garantir. Tel que le misérable qui endure patiemment les privations et se fixe au moindre gîte, le Buis brave les intempéries, et s'attache fortement au mauvais sol où il est relégué. Pour l'indigent, point de joie : la nature a peint cet effet en privant la Fleur de pétales, qui sont l'emblème du plaisir. Son fruit est une marmite renversée, image de la cuisine du pauvre. Sa feuille est creusée en cuiller pour recevoir une goutte d'eau, comme la main du pauvre qui cherche à recueillir une obole de la compassion des passants. Son bois est serré et très noueux, par allusion à la vie rude et à la gêne du misérable chez qui règne l'insalubrité, figurée par l'huile fétide qu'on retire du Buis.

Cette plante, vous l'avez nommée *stoïcisme*; ne valait-il pas mieux l'appeler tout simplement *pauvreté*?

Au mot Gui, par exemple, vous avez conservé sa signification véritable. Le Gui, c'est bien le parasite; mais si je vous avais demandé pourquoi, auriez-vous su me répondre? C'est parce que le Gui vit des sucs d'autrui, qu'il se développe indifféremment en sens direct ou inverse, comme l'intrigant qui prend tous les masques, accepte toutes les positions. Le Gui figure par sa feuille la duplicité, et donne dans sa glu le piège où viennent se prendre les oiseaux, comme les sots aux flatteries du parasite.

Pour me faire cette réponse, il aurait fallu être initié aux lois de l'analogie universelle. Je prends en pitié votre ignorance, Monsieur, et je vais poser les bases de cette science sublime. Puissiez-vous marcher bientôt dans la voie que j'ouvre devant vous !

La forme, la couleur, les habitudes, les propriétés de la Fleur, des graines, des racines, voilà l'étude par laquelle il faut commencer.

La racine est l'emblème des principes généraux qui composent le caractère.

La tige, emblème de la marche qu'il suit.

La feuille, emblème du genre de travail auquel se livre le caractère de la classe à laquelle il appartient.

Le calice, emblème de la force et des influences qui agissent sur le caractère.

Les pétales, emblème de l'espèce de plaisir attaché à l'exercice du caractère.

Les pistils et étamines, emblèmes du produit que doit donner ce plaisir.

La graine, emblème du trésor amassé ; le parfum, emblème du charme particulier qui découle du caractère.

Ainsi, pour nous résumer, nous disons : Racine-caractère ; — tige-direction ; feuille-travail ; pétale-plaisir ; — calices-influences extérieures ; — pistils-produit ; — graine-trésor ; — parfum-charme. .

Que d'erreurs vous auriez pu éviter si vous étiez venu me consulter avant de commencer cet ouvrage! mais vous avez préféré me tourner en ridicule. Armé du flambeau de l'analogie, toutes les ténèbres se seraient dissipées; plus de secrets pour vous, plus d'obscurités dans le grand livre de la nature. N'êtes-vous pas honteux de vous être trompé si grossièrement dans la signification des Fleurs les plus vulgaires, la Rose, l'Œillet, le Lis! Je me vois forcé entre mille autres de choisir la Balsamine pour l'ajouter à cette liste. Ses feuilles finement dentées et symétriquement découpées sont un emblème de travail. Une touffe de feuilles surmonte les Fleurs, comme le travail doit excéder la dépense. C'est ainsi qu'on brille sans s'appauvrir, de même que la Balsamine, qui donne des Fleurs nombreuses, brillantes, et qui se renouvellent en abondance. Les gens doués de cette prudence sont ambitieux et égoïstes. La Balsamine par analogie refuse tout à l'homme. On ne peut saisir ses feuilles isolément par défaut de queue, collectivement par embarras du feuillage. On ne peut l'employer comme ornement. C'est une plante qui ne vit que pour elle, ainsi que le riche égoïste. Ce dernier sait se rendre nécessaire comme la Balsamine, sans se faire aimer. Il s'installe, dans toutes les avenues de la grandeur; la Balsamine prend place dans les lieux les plus fréquentés du parterre, et, privée de parfum, elle y joue le premier rôle sans charme pour personne. Elle vient tard en automne, par allusion à ces thésauriseurs qui quittent tard les affaires, et dont la fortune passe à des héritiers dissipateurs ; de même la graine de la Balsamine s'échappe des mains lorsqu'on la cueille sans précaution. Et cette Fleur, qui est le portrait frappant de l'égoïsme, vous l'avez donnée comme l'emblème de l'impatience. O insouciance!

A propos d'insouciance, n'est-ce pas l'Hortensia qui en est l'image dans votre Langage des Fleurs ? Mais vous n'avez donc jamais regardé un Hortensia ! Vous auriez vu que cette plante étale plus de Fleurs que de feuilles, qu'elle sacrifie tout à la parure. Ses lourds massifs de Fleurs fatiguent l'œil, comme l'excès du luxe dans le costume. Le peu de feuilles qu'il possède, l'Hortensia les cache sous un amas de Fleurs inodores à demi nuancées : ainsi les coquettes font disparaître leurs bonnes qualités sous une foule de sentiments faux. L'Hortensia, comme la Balsamine, ne peut se cueillir. La coquetterie n'est-elle pas aussi un égoïsme particulier !... Coupé, l'Hortensia se flétrit. Il est trop gros pour former des bouquets ; il n'est à sa place qu'au milieu d'un salon, dans un riche vase, comme la coquette qui ne se plaît que dans le monde. Il est sans parfum, parce que la coquette éblouit les yeux sans charmer le cœur. C'est le luxe qui ruine la coquette, c'est l'astre d'or, le soleil, qui tue l'Hortensia. Appauvrie par de folles dépenses, la coquette, au déclin de l'âge, perd son prestige; l'Hortensia, après avoir brillé, perd sa couleur. Enfin, en avançant en âge, la coquette devient prude; dans l'arrière-saison, l'Hortensia revêt la couleur brune et se parchemine, se ride, se sèche sur la plante; il prend un aspect rogue et désagréable. Où trouver une analogie plus frappante, plus soutenue de la coquetterie? Faites-moi le plaisir de m'apprendre ce qu'elle a de commun avec une *belle-de-jour*. En fait d'Hortensia, vous en êtes resté à l'Empire, qui en avait fait un emblème ridicule; et je suis sûr que vous êtes de force, rien que sur son nom, à trouver un symbole napoléonien quelconque dans la couronne impériale, qui offre tout simplement l'analogie du savant méconnu.

Je me suis conformé jusqu'ici, en vous parlant, aux lois de la routine, mais je proteste contre les nomenclatures adoptées par les naturalistes connus jusqu'à ce jour. Ces messieurs ont presque toujours désigné les genres à contre-sens. Ainsi, je soutiens qu'on doit dire une Œillet, une Hortensia, une Lis, puisque ces Fleurs symbolisent des objets féminins : la maternité, la coquetterie, la vérité; et un Balsamine, attendu que le balsamine n'est autre chose que l'égoïsme.

A votre place, Monsieur, j'aurais tenté cette réforme; mais pour cela, il aurait fallu heurter les préjugés, les habitudes du vulgaire, et vous avez mieux aimé flatter ses goûts que les corriger. Vous vous êtes endormi sur l'oreiller commode du succès. Aussi n'avez-vous produit qu'un livre superficiel, incomplet, dépourvu de toute tendance philosophique. Vous avez commis un sacrilège en portant une main coupable sur l'unité sacrée de la création, en divisant ce qui est uni pour jamais, en séparant ce qui est inséparable. Vous avez fait un livre sur les Fleurs sans parler des fruits et des légumes.

La Fleur suppose le fruit; le fruit conduit directement au légume. Les fruits et les légumes offrent des analogies avec nos sentiments, non moins fécondes que les Fleurs. Je commence par les légumes, ces parias de l'organisation actuelle, et parmi les légumes, je choisis les plus méconnus de tous : les raves. Ils vont répandre des torrents de lumière sur la question, et se montrer dignes du haut rang que leur assigne la morale. C'est une pépinière de belles analogies, dit un grand philosophe, que je cite textuellement, que la bourgeoise famille des raves, betteraves, carottes, panais, salsifis et céleris. Leur collection représente les coopérateurs du travail agricole. Chacun de ces légumes s'allie avec la classe dont il est le portrait. La grosse rave reste à la table des gros paysans. Le navet, moins rustique, se fait l'hôte du fermier huppé, traitant avec les grands; aussi le navet peut-il, moyennant certains apprêts, figurer sur une table distinguée.

La carotte représente l'agronome expérimenté, dont l'utilité est partout démontrée. Aussi la carotte est-elle un légume précieux employé par le confiseur, le cuisinier, le médecin : utile de toutes façons, fournissant par sa feuille un fourrage salutaire, par la torréfaction un parfum de potage, etc. Le céleri, dans son acerbe saveur, donne l'idée de ces amours champêtres, tendres liaisons où paysans et paysannes se courtisent à coups de poing.

La feuille crispée de la betterave dépeint le travail violent des ouvriers. La feuille grotesque de la rave étale un massif supérieur dominant plusieurs follicules inférieures. C'est l'image du chef de la famille villageoise dont l'importance comique et naïve exige tous les hommages et absorbe tous les bénéfices de la communauté.

Et les fruits, quels abondants sujets d'étude et de réflexions ne nous offrent-ils pas ! La cerise est le miroir de l'enfance libre et heureuse ; elle excite chez les enfants les effets qu'elle représente. L'apparition d'un panier de cerises met en joie tout le peuple enfantin, à qui le fruit est très salutaire ; la cerise est un joujou que la nature donne à l'enfant ; il s'en forme des guirlandes et des pendants d'oreille ; il s'en couronne comme Silène se couronne de pampres. L'arbre est analogue au génie et aux travaux de l'enfance : il est peu fourni de feuilles ; ses branches vaguement distribuées donnent peu d'ombrage, ne garantissent ni de la pluie ni du soleil, témoignage de la faiblesse de l'enfance, qui ne peut fournir de protection ni d'abri à personne.

Faudra-t-il vous montrer dans la groseille le

fruit des *enfants terribles?* Il y a de la grâce,
parce que la vérité, quelque indiscrète qu'elle
soit, est toujours gracieuse et amusante dans la
bouche d'un enfant. Ce rôle d'*enfant terrible* n'est
pas sans utilité ; il châtie en riant, *castigat riden-
do* ; aussi le fruit du groseillier rouge est-il légèrement purgatif. Mais cette groseille n'acquiert
sa valeur que mélangée au sucre : ainsi les enfants trop libres doivent-ils perdre leur rudesse
au contact de l'éducation.

Le raisin n'est-il pas le plus amical des végétaux? Le vin n'est-il pas le véritable ami de
l'homme? Voyez la vigne embrasser nos arbres,
nos maisons, former des liens avec tout ce qui
l'entoure. Elle ne peut vivre sans s'attacher. Où
trouver une analogie plus frappante de l'amitié?

Il est temps que je m'arrête; je crois vous en
avoir dit assez, Monsieur, pour vous faire voir
les imperfections, les fautes capitales qui dé-
parent votre livre. Non seulement vous n'avez
qu'imparfaitement compris le langage des Fleurs,
mais encore vous n'avez pas même soupçonné
celui des fruits et des légumes. Votre ouvrage est
en arrière de deux cents ans. Rougissez, Monsieur, d'avoir vécu jusqu'à ce jour sans connaître
l'existence de la psychologie comparée ou analogie, et tâchez de vous élever jusqu'à cette science.

Je vous prie, en attendant, de ne pas me croire
votre très humble serviteur, et de ne pas me
compter au nombre de vos souscripteurs.

JACOBUS.

RÉPONSE DE L'AUTEUR

AU DOCTEUR JACOBUS

MONSIEUR LE DOCTEUR,

NOTRE prétention n'a jamais été de faire un livre philosophique. Le public professe, en général, une répugnance très prononcée pour la philosophie. Nous nous sommes borné à parler des Fleurs, pensant que la tâche est suffisante. Les fruits et les légumes pourront avoir leur tour ; qui sait si la fantaisie ne prendra pas à Grandville de les animer ?

Nous ne nous sommes point lancé dans l'analogie, parce que dépouiller les Fleurs de leurs vieux symboles, renverser ces allégories depuis longtemps acceptées de tous, nous a paru une chose grave. Nous n'avons pas voulu nous insurger contre la tradition, et révolutionner l'empire paisible des mythes floraux. Peut-être essayerons-nous plus tard d'accomplir pacifiquement les transformations et les réformes qu'exigent les Fleurs. Rien ne nous empêche, après la dixième édition de notre ouvrage, d'en faire une nouvelle basée sur les règles de la psychologie comparée et de l'analogie.

Autant que vous, Monsieur, nous rendons justice à cette science nouvelle dont vous ne citez pas seulement l'inventeur, quoique vos analogies soient copiées dans ses livres. Nous ne vous blâmons pas, Monsieur, de cette fidélité; le nombre et l'éclat des images, la pompe du style n'ajouteraient rien à ces ingénieuses et charmantes descriptions que Fourier a retracées ensuite sur le papier avec un abandon et un laisser-aller qui augmentent leur grâce et leur vérité. Nous avons donné, d'après vous et d'après Fourier, les règles de l'analogie; maintenant, c'est aux femmes à s'adonner à cette étude; Fourier la leur recommande expressément; c'est sous leur protection qu'il met l'analogie. Avec un tel appui, l'analogie ne peut manquer de triompher.

Nous espérons, en attendant, malgré vos critiques, que le public, plus indulgent que vous, nous tiendra compte de nos efforts, et nous dédommagera, par son empressement, du chagrin bien naturel que nous éprouvons de ne pas vous compter au nombre de nos souscripteurs.

ÉLÉGIE

—

LA FLEUR BLESSÉE

———

LES pleurs de l'aurore m'ont fait éclore ; je me suis ouverte avec les premiers rayons du soleil.

J'ai vu passer ce matin une jeune fille ; elle s'est arrêtée pour me regarder ; moi, je la trouvais belle, et je lui souriais !

Elle passait sur mes feuilles sa main caressante ; mes feuilles frissonnaient de bonheur. Tout à coup une douleur aiguë m'a fait tressaillir jusqu'au fond de ma corolle, je me suis inclinée sur ma tige à demi brisée.

Pourquoi ne m'as-tu pas cueillie tout de suite, jeune fille ? Déjà je ne souffrirais plus, je reposerais doucement ensevelie dans ton sein virginal.

Mon sang coule lentement de ma blessure, un froid mortel fait pâlir mes feuilles, ma corolle se resserre ; j'entends à peine le doux bourdonnement de la brise dans le feuillage. Les oiseaux ne chantent-ils plus ? Le soleil s'est-il caché ? Mes sœurs, mes sœurs, est-ce déjà la nuit ?

Non, c'est la mort qui me couvre de son ombre. Je ne verrai pas les étoiles brillantes, je n'ouvrirai pas ma corolle, écrin parfumé, pour enfermer les diamants de la rosée. Ma dépouille jonchera bientôt la terre, et mon âme montera vers le ciel en laissant une trace embaumée.

Mon spectre t'apparaîtra, jeune fille ; il te reprochera ton insouciance et ta cruauté. Le remords me vengera... Mais non, je te pardonne ; puisses-tu ne pas apprendre à ton tour ce que souffre une Fleur blessée !

Pensée.

LES
COURONNES & LES GUIRLANDES

Nous avons parlé des bouquets, il faut bien dire quelques mots des couronnes. Pourquoi ne profiterions-nous pas de l'occasion pour traiter succinctement la question des guirlandes?

Le sujet sera bientôt épuisé. Qui est-ce qui porte des couronnes aujourd'hui? A quoi servent les guirlandes?

Il va sans dire que nous ne nous occupons que des couronnes et des guirlandes de fleurs. Les couronnes et les guirlandes de feuilles sont encore fort en usage pour orner le front des lauréats et les murs des salons de cent couverts. Pas de véritable distribution de prix sans couronnes de laurier, pas de bonnes noces sans guirlandes de feuillage.

Les Grecs et les Romains, les Grecs surtout, adoraient les couronnes de fleurs. Celui qui se serait présenté au cirque, à l'académie, au théâtre, sur la place publique, sans sa couronne, aurait passé pour un fou. Il n'était pas plus per-

mis alors de se montrer sans couronne que de
sortir sans chapeau aujourd'hui.

Pour les gens chauves, la couronne remplaçait la perruque. Aussi tous les philosophes s'en
paraient; Socrate lui-même ne manquait jamais
de ceindre son front de fleurs. César, chauve à
trente ans, dut à la couronne l'avantage de cacher longtemps cet inconvénient aux beautés de
Rome. On sait qu'à l'âge de quatre-vingts ans,
Anacréon se parait d'une couronne de roses.

Avec la couronne il n'y avait plus de vieillards; on était toujours jeune avec des fleurs sur
le front et une longue robe flottante; aussi les
anciens ne connaissaient-ils pas cet être trem-
blotant, souffreteux, catarrheux, ridé, ratatiné,
que nous nommons un vieillard.

Je ne parle pas d'Alcibiade : il changeait de
couronne trois fois par jour. C'était le premier
coiffeur d'Athènes qui venait la lui placer sur la
tête.

Il y avait des fashionables qui portaient leur
couronne à droite ou à gauche, en avant ou en
arrière; les uns la posaient d'un air crâne sur
un seul côté, les autres l'enfonçaient bien avant
sur les oreilles pour se garantir des rhumes de
cerveau. Ceux-là étaient les propriétaires, les
rentiers du Marais, les bonnets de coton de
l'antiquité.

Quand tous les convives avaient des couronnes
de fleurs sur la tête, un dîner triste était impossible. Les fleurs portent à la gaieté; aussi, ni à

Rome ni à Athènes on ne connaissait l'usage
des dîners officiels. Ils ne sont permis que depuis la suppression des couronnes.

Il faut convenir aussi que l'intervention des
lunettes a rendu bien difficile l'usage général des
couronnes. Les myopes, les presbytes feraient
un effet assez ridicule avec leurs besicles sur le
nez et leurs fleurs autour de la tête. Ce serait
atroce avec des lunettes, bleues et vertes surtout.
Mais tout le monde n'est pas myope ni presbyte.

Le blason s'empara de la couronne primitive ;
il copia les fleurs, qui devinrent des fleurons :
le moyen âge vit naître la couronne royale, la
couronne princière, la couronne ducale, celle de
marquis, de comte et de baron ; mais cés couronnes étaient en or, leurs fleurs étaient des
perles ou des diamants, Louis XIV fit disparaître
complètement ces couronnes : aucune d'elles
n'était assez large pour tenir sur une perruque.
Cependant, il maintint la couronne de laurier.
Voyez les portraits et les bustes du temps : Villars, Condé, Turenne. La tenue officielle du
temps est pour les militaires une cuirasse, une
perruque et une couronne de laurier. Pas de statue équestre du grand roi qui n'ait sa couronne
de feuilles vertes sur la tête. On laissait aussi
aux déesses le privilège de la couronne. A Versailles, toutes les Muses sont couronnées de
fleurs.

La poudre fut un inconvénient qui fit abandonner la couronne par les beautés du XVIIIe siècle ;

5.

en revanche, la guirlande jouit d'une immense faveur à cette époque : les bergers de Watteau ornaient de guirlandes la chaumière de leurs bergères ; les dames de la cour portaient des guirlandes sur leurs paniers.

La guirlande, à tout prendre, ne manquait pas de charme ; elle prenait toutes les formes, se prêtait à toutes les métamorphoses. Souple, flexible, serpent embaumé, elle caressait les contours d'une jolie taille, elle retombait sur de blanches épaules, elle suivait les sinuosités d'une robe de gaze. Et puis elle a donné un joli mot à la langue française, un mot amical, harmonieux, câlin : *enguirlander* !

On put croire un moment que la couronne allait reprendre son antique suprématie, lorsque vint la restauration du costume grec sous le Directoire. Espérance vaine ! les femmes hardies, qui ne craignirent pas de ressusciter la tunique et le cothurne, reculèrent devant la couronne. Au lieu de fleurs, quelque temps après, le beau sexe se couvrit d'une perruque blonde. Les brunes les plus prononcées étaient obligées elles-mêmes d'adopter la couleur à la mode. Par quel bizarre caprice, par quelle étrange suite d'idées les femmes en étaient-elles venues à renoncer à un de leurs plus précieux ornements, la chevelure ? Était-ce une manière indirecte de se prononcer en faveur de l'ancien régime, en rappelant la perruque, un moyen détourné de provoquer une réaction ?

C'en était fait des couronnes; depuis, elles ne se sont plus relevées. On en porte bien encore quelques-unes dans les bals, mais elles sont rares, le plus souvent en fleurs artificielles, et ressemblant bien plutôt à des diadèmes qu'à des couronnes. Une guirlande complète n'est pas admise non plus sur une robe de bon goût; on jette çà et là quelques bouquets sur la gaze, au hasard, et comme sans s'en apercevoir, mais on n'a pas le courage de la guirlande.

Il y a certains pays cependant où le genre trumeau existe encore. Au Ier mai, les jeunes gens dressent des mâts enguirlandés devant la fenêtre des jeunes filles, ils parent de guirlandes la porte de leur maison ; mais c'est là un usage de paysans qui ne tire nullement à conséquence.

On se donne bien encore, de temps en temps, le divertissement de couronner une rosière dans les environs de Paris; on lui donne en fait de couronne une médaille d'argent ou bien une dot de 5oo francs.

Les rois eux-mêmes ne portent plus de couronnes ; le diadème est un mythe, une fiction. Qui a vu un sceptre ou un trône ? A quoi serviraient les couronnes royales? — On ne sacre plus les rois.

Depuis l'abolition des couronnes, les hommes et les femmes n'ont plus aucun moyen de témoigner leur douleur en public : les uns sont réduits à mettre leur mouchoir sur leur visage, les autres s'évanouissent. Sophocle faisait répéter une de ses tragédies, lorsqu'il apprit la mort déplorable d'Euripide exilé. Aussitôt le poète quitta sa couronne, et tous les acteurs l'imitèrent en signe de deuil.

Cléagène, la rivale d'Aspasie, rendait le dernier soupir pendant que celle-ci donnait une fête magnifique à l'élite de la jeunesse. On l'instruit de la situation désespérée dans laquelle se trouve sa rivale. Par un mouvement spontané, Aspasie arrache sa couronne de roses et la foule aux pieds. Les convives suivent son exemple, et la fête est abandonnée.

Aujourd'hui, chacun lèverait les bras en l'air, crierait : O ciel! est-il possible! Cette pauvre Cléagène, il n'y a pas trois jours que je l'ai rencontrée aux Champs-Élysées! Voyez comme tous ces grands bras, ces grands cris, sont éloignés de l'éloquente simplicité du geste d'Aspasie et de ses amis. Ils enlèvent leur couronne. Cela dit tout.

Combien les femmes ne gagneraient-elles pas à remplacer le moderne et disgracieux chapeau par de fraîches couronnes! Tôt ou tard elles reviendront à cet ornement si simple et si complet. Jeunes filles, épouses matrones, nobles, femmes du peuple, on portera des couronnes selon son âge et sa condition; on verra disparaître le bonnet de percale, de gaze ou de tulle, mille fois plus absurde que le chapeau.

En attendant cette révolution, que nous appelons de tous nos vœux, la couronne prescrite ne trouve plus d'asile que sur le cercueil des enfants, des jeunes filles et sur la croix noire des tombeaux.

JASMIN

—

LE JASMIN

Le Jasmin est la Fleur que j'aime ; elle est embaumée comme l'haleine des houris.

Quand j'étais riche, j'avais dans mes vastes jardins des bosquets de Jasmin qui s'arrondissaient en berceau ; leurs feuilles blanches tombaient sur les épaules noires des almées qui dansaient devant leur maître étendu sur des coussins de soie.

Maintenant je suis pauvre, et le Jasmin, mon ami, entoure ma fenêtre et la protège contre les ardeurs du soleil.

La démarche d'Hendiè était légère comme si elle descendait une pente.

Sa taille était flexible comme la tige d'un palmier, et sa joue polie comme une surface d'argent.

Son sourire me paraissait plus brillant que la frange dorée qui entoure un nuage éclairé par la lune.

Vierge aux lèvres fraîches, que de fois je me suis glissé pour te voir derrière les Jasmins qui cachaient la terrasse de la maison de ton père !

Le Jasmin est blanc comme le Lis, il est rouge comme la Grenade, il est couleur d'or comme le soleil. Le Jasmin prend toutes les couleurs pour se faire aimer.

Qui n'aimerait pas le Jasmin ?

C'est la tente des amants, la joie des abeilles, le charme des yeux, le parfum des nuits sereines.

Il chasse les Djinns des toits qu'il abrite ; Bulbul aime à lui dire ses plus douces chansons.

O Jasmin, tu as protégé mes jeunes amours, tu verses ta fraîcheur sur ma vieillesse ; ton odeur me rajeunit, tes fleurs réjouissent ma vue ! J'ai coupé ce matin une de tes branches, et la fumée du tomback qui la traverse, en sortant de mon narghiléh, me semble plus parfumée.

Que les Péris te protègent et viennent elles-mêmes, chaque matin et chaque soir, ranimer tes fleurs de leur souffle !

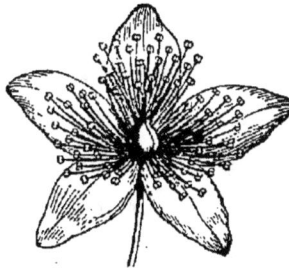

Fleur de
Millepertuis.

LES
FLEURS CHANGÉES EN BÊTES

LE jeune Kao-ni se promenait un jour dans la campagne avec son maître, le savant Kin. Tout à coup le jeune homme, qui cueillait des Fleurs, s'arrêta en poussant un cri. Le maître accourut avec toute la rapidité que permettait son grand âge.

— Qu'avez-vous, mon fils ? lui demanda-t-il, que vous est-il arrivé ?

— J'ai cru cueillir une Fleur, répondit Kao-ni, et en me baissant, j'ai vu que j'allais mettre la main sur un scorpion. Il faut que j'écrase cette vilaine bête.

Le vieillard le retint.

— Arrêtez ! reprit-il ensuite, ce que vous avez pris pour un animal est bien véritablement une Fleur : on l'appelle *Katong-ging*. Neuf pétales forment sa couronne : deux forment les antennes, six les pattes, et la neuvième, très allongée, représente la queue. Voyez, ne dirait-on pas un scorpion ?

Kin se baissa et prit la fleur ; il voulut ensuite la passer à son élève, mais celui-ci la repoussa avec dégoût.

— Que la nature est bizarre ! s'écria-t-il, donner une forme si hideuse à une fleur !

Alors Kin, pour le reprendre et lui montrer la légèreté de ses paroles, lui raconta l'histoire suivante :

« Il n'y a point de bizarrerie dans la nature, mon fils ; tout ce que nous voyons a une cause, même les fleurs qui ressemblent à des scorpions. Le Katong-ging a des sœurs qui partagent son triste sort : on s'éloigne avec terreur de l'Ophryse, qu'on dirait prête à vous piquer de son dard, comme une guêpe. Une autre Ophryse offre une si frappante analogie avec l'araignée, que les mouches l'évitent avec soin, et qu'elle inspire du dégoût à l'homme. Il existe dans la famille des Orchidées des plantes qui offrent l'image d'un serpent ou d'un scarabée. Voici ce que rapportent les livres de la science au sujet de ces étranges métamorphoses.

« Les Fleurs sont placées sous les lois d'une Fée qui préside de tout temps à leur destinée. Les Fleurs ont une âme comme les hommes, et elles sont récompensées par la Fée, selon leurs bonnes ou leurs mauvaises actions. A celles qui sont soumises et réservées, elle accorde ses caresses plus vivifiantes que le soleil et la rosée, plus fraîches que la brise. Aux Fleurs qui bravent ses lois, elle envoie des insectes qui les dévorent vivantes, des lèpres qui les dessèchent sur leur tige, car la Fée se montre sévère quelquefois. On n'a jamais pu savoir le crime commis par les Ophryses et les Orchidées ; ce qu'il y a de sûr, c'est que la Fée leur fit prendre, il y a plusieurs siècles, la forme qu'elles ont aujourd'hui, qu'elles doivent conserver jusqu'à ce qu'un papillon devienne amoureux d'elles. »

Kao-ni écouta cette histoire avec attention.

— Pauvre Katong-ging! dit-il en regardant la Fleur d'un air triste, quand finira ton supplice ? Jamais, sans doute. Un scorpion peut-il se faire aimer ?

— Ne désespère pas de l'amour, mon fils, reprit le vieillard, et médite bien l'enseignement qui se cache dans ce que je viens de t'apprendre. Dard, venin, laideur, vices, défauts, méchanceté, pour dépouiller son ancienne enveloppe, il suffit souvent de se sentir aimé.

Le Katong-ging était une petite Fleur azur qui se balançait sur une tige svelte et élégante au bord des rivières. Elle était jolie ; elle paraissait bonne, douce, honnête. Elle inspira de la confiance à une Libellule bleue qui habitait les mêmes parages que les Katong-ging. Si le jour la pauvre Demoiselle avait beaucoup de peine à échapper aux attaques des hirondelles qui écumaient les bords de la rivière, la nuit c'était bien pis encore : les lézards, les araignées, les chauves-souris, tous les rôdeurs nocturnes lui faisaient une rude guerre. Elle était obligée de se tenir sans cesse sur le qui-vive, et de ne dormir que d'un œil, ce qui devient fatigant à la longue.

La Libellule raconta ses chagrins au Katong-ging.

— Ma chère demoiselle, lui répondit la Fleur, que ne parliez-vous plus tôt? je me serais fait un plaisir de vous offrir un abri où vous pourrez dormir tout à votre aise. Quand la nuit sera venue, posez-vous sur moi, vos ailes et mes feuilles sont de la même couleur. Je défie tous les lézards, toutes les araignées et toutes les chauves-souris de la terre de vous reconnaître quand nous serons ainsi confondues ; d'ailleurs, au moindre danger, je vous réveillerai : nous autres Fleurs, nous avons le sommeil si léger!

La Demoiselle de se confondre en remercie-ments et de bénir le ciel qui lui avait envoyé une voisine si charitable. Mais le Katong-ging avait ses projets.

Un jeune Ver luisant habitait une touffe d'herbe à ses pieds, et chaque soir il essayait de grimper sur la tige de la Fleur, afin de sortir de l'obscu-rité, et de se récréer à la vue de son reflet jouant dans l'eau tranquille.

Le malicieux Katong-ging secouait sa tige dès qu'il voyait le Ver luisant parvenir presque au terme de sa course, et l'infortuné retombait dans l'herbe. Trois ou quatre fois il recommen-çait son ascension, toujours même manège de la part de la Fleur.

Ce jour-là le Katong-ging appela le Ver lui-

sant, et lui dit de grimper et de se cacher sous
ses feuilles ; en même temps il s'inclina pour
faciliter l'ascension.

— Que cette Fleur est bonne fille ! pensa le
Verluisant en s'enroulant commodément autour
de sa corolle ; maintenant, la nuit peut venir,
je me verrai dans l'eau.

La nuit vint, et la Demoiselle aussi ; elle se
posa sur le Katong-ging, et, fatiguée de ses in-
somnies précédentes, elle s'endormit. Le Ver
luisant attendait avec impatience que la lune fût
couchée, et ne voyait qu'un glacis d'argent sur
l'eau.

L'obscurité remplaça le clair de lune. Aussitôt
le Ver luisant de briller, et les chauves-souris
d'accourir. Le malheureux fut noyé, ainsi que la
Demoiselle dont il avait signalé la présence. Le
Katong-ging, l'hypocrite Katong-ging, heureux
du mauvais tour qu'il venait de jouer, poussa un
petit éclat de rire. La Fée aux Fleurs, qui savait
tout ce qui s'était passé, se sentit tellement in-
dignée qu'elle changea la Fleur en scorpion.

LES FLEURS POLITIQUES

ET

LES FLEURS NATIONALES

Il ne faut pas confondre les Fleurs politiques et les Fleurs nationales. Ce sont deux choses bien différentes.

La Rose rouge et la Rose blanche furent des Fleurs politiques en Angleterre. Elles n'ont jamais été nationales.

En France, nous avons eu la Violette. Qui le croirait ? la simple et modeste Violette fut un moment séditieuse ; elle mit le nez dans la politique, se fit condamner à l'amende, à la prison, que sais-je encore ? Le naturel a pris le dessus : aujourd'hui la Violette est une sage et honnête fille qui redoute de faire parler d'elle.

C'est par suite d'un malentendu que le Lis est passé à l'état de Fleur nationale. On a pris pour des fleurs de Lis les fers de lance que nos anciens rois portaient sur leurs drapeaux. Cette erreur, comme tant d'autres, est devenue une vérité. La poésie verra toujours des Lis, là où l'érudition s'obstine à signaler des fers de lance.

Il y a des gens qui voudraient ranger le Myrte et le Laurier parmi les Fleurs nationales. Ce sont de vieux académiciens.

Nous n'en finirions pas si nous voulions faire l'histoire des Fleurs politiques. Presque toutes l'ont été plus ou moins. Il y a encore des provinces où une faction politique arbore un Œillet blanc à sa boutonnière, l'autre un Œillet rouge. L'ancien drapeau de France était blanc. L'uniforme du premier consul était rouge.

En France, nous possédons une Fleur nationale dont personne ne peut contester les droits; son origine se perd dans la nuit des temps. Cette Fleur, c'est la Verveine.

Elle me rappelle Velléda, la pâle et touchante prêtresse, les mystérieuses profondeurs des forêts où vivaient nos pères. Je vois la druidesse danser autour de la plante magique, puis se baisser et la couper avec une faucille d'or qui brille aux rayons de la lune; j'entends les chants des Eubages se mêlant au bruit du vent dans les bois. Qui dirait, à voir cette petite plante si simple, si gracieuse, si timide aujourd'hui, qu'elle a joué autrefois un rôle si terrible, si important?

Nous parcourons vainement le blason et les annales des autres peuples; il n'y a que la France qui possède des Fleurs nationales. C'est ce qui prouve que nous sommes, avant tout, une nation de sentiment et de poésie, quoique bien des gens s'obstinent à ne nous accorder que de l'esprit.

LES NOMS DES FLEURS

LES NOMS DES FEMMES

Il n'y a pas de Fleur qui n'ait un joli nom. Je ne parle pas de ceux que leur donnent les savants. Ceux-là, personne autre que les savants ne veut les apprendre. Le caractère de chaque Fleur se lit pour ainsi dire dans son nom. Est-il quelque chose de plus frais, de plus vermeil, de plus souriant que ce mot : *Rose?*

Guimauve, ces trois syllabes ne rappellent-elles pas à l'esprit quelque chose de doux, de salutaire, de bienveillant, j'allais même dire d'émollient? *Lis*, il me semble que la grâce et la majesté de la Fleur elle-même respirent dans ce mot *lis*, si court, et qui se prononce cependant d'une manière si mélodieuse. *Liseron*, ne voyez-vous pas tout de suite quelque choses de vif, de coquet, et de bon enfant en même temps? L'harmonie du mot *Tubéreuse* a quelque chose de lent, de monotone, d'endormant, et me fait l'effet d'un narcotique. *Lilas*, cela a quelque chose de jeune, de frais, d'amoureux qui réjouit le cœur. *Tilleul*, on dirait entendre le joyeux cliquetis de ses feuilles agitées par le vent. *Pivoine*, cela est éclatant, sonore, mais sans majesté.

Voulez-vous un nom qu'il soit impossible de prononcer sans être attendri? *Primevère* ou *Pervenche*. — *Marguerite* ? Est-ce la Fleur qui a donné son nom à la femme, ou la femme à la Fleur ? *Lianes*, charmant dérivé du mot *lien*. *Géranium* est fort joli, quoique latin; il y a un peu de tristesse dans ce nom.

Grâce, bizarrerie, bonté, orgueil, légèreté, bonhomie, tout cela est dans le *Coquelicot*. *Ananas*, fraise fondante dans la bouche. *Noisette*, craque sous la dent. Mais n'allons pas nous perdre dans le fruit. Si j'avais à trouver un nom dans un roman pour un être frivole, paresseux, incapable de rien de sérieux, gobe-mouche, flâneur, je l'appellerais maître *Baguenaudier*. En supprimant les trois premières lettres de *mélancolie*, on fait *ancolie*.

Clématite, Acacia, Achante, Adonide, Aloès, Amaryllis, Amarante, Anémone, Balsamine, pardonnez-moi, Fleurs dont j'oublie les noms délicieux : mais *Aubépine*, que je n'ai pas citée, et *Bleuet*, et *Fougère*, et *Églantine*, et *Héliotrope*, et *Jasmin*, et *Muguet*, et *Réséda*, et toi, bonne et grosse *Coquelourde* !

Je ne conçois pas que les femmes s'obstinent à aller chercher des noms dans l'almanach, quand elles en trouveraient de si jolis dans la nature.

Pourquoi ne pas demander des noms aux Fleurs? on pourrait ainsi suivre l'analogie du nom avec le caractère ou avec le corps de la personne. Pourquoi n'aurions-nous pas Mlle Fraise, Mlle Clématite, Mlle Bleuet, Mlle Pervenche, comme nous avons Mlle Rose et Mlle Marguerite?

Si j'avais une fille, je voudrais qu'elle s'appelât Aubépine.

Ce progrès est bien simple, bien aisé à accomplir, et pourtant qui sait quand il se réalisera? Les femmes s'appelleront bien longtemps Pétronille, avant qu'une seule se décide à se nommer Réséda.

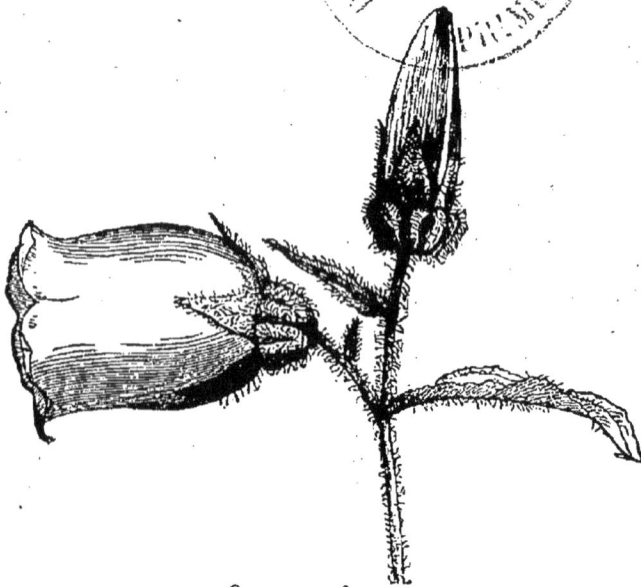

Campanule.

GIROFLÉE

LA GIROFLÉE

I

Au sommet du vieux donjon croissait une Giroflée. Un prisonnier la voyait de sa fenêtre. C'était sa joie, sa consolation, son unique espérance. Il l'aimait comme on aime une femme.

Le printemps, le soleil, l'air, la liberté, la Giroflée était tout cela pour lui. Elle lui souriait du haut de son créneau ; elle balançait gracieusement ses petites tiges devant lui ; elle se penchait sur la noire muraille, comme pour lui donner la main.

La nuit, s'il entendait gronder l'orage, mugir le vent, tomber la pluie, il tremblait pour sa Giroflée. Son premier soin, le matin, après avoir fait sa prière, était de regarder du côté de sa chère Fleur.

La Giroflée avait déjà oublié l'orage Elle secouait ses feuilles mouillées, comme un oiseau ses ailes. En un clin d'œil sa toilette était achevée, et elle prenait des petits airs coquets, en regardant le soleil.

II

Quelquefois, la Giroflée amenait des amis au pauvre prisonnier : tantôt c'était un papillon qui venait voltiger autour de ses barreaux, après avoir rendu visite à la Fleur ; une abeille qui faisait entendre à son oreille son doux bourdonnement ; un petit oiseau des champs qui, fatigué de son vol, s'arrêtait pour se reposer sur les branches de la Giroflée.

Quand l'hiver arrivait, le prisonnier n'avait plus d'amie. Quelquefois il voyait passer les hirondelles devant sa prison : « Hélas ! disait-il alors, les hirondelles sont de retour, et la Giroflée ne revient pas ! Elle m'a oublié, comme tous les autres ! » Mais, aux premiers rayons du soleil de mai, un beau matin, en se réveillant, la Giroflée le saluait du haut de la meurtrière ; et bientôt revenaient avec elle les amis du prisonnier : le papillon, l'abeille et le petit oiseau des champs.

Il y avait dans la vallée un homme qui passait toute la journée dans les champs, une grande boîte de fer-blanc passée en bandoulière ; il la rapportait le soir au logis pleine d'herbes, de fleurs, de plantes de toutes sortes.

Il croyait aimer les Fleurs, parce qu'il était botaniste ;

Parce qu'il les étiquetait, les rangeait, les

classait par taille, par sexe, par famille, par catégorie; parce qu'il leur donnait des noms latins, l'infâme!

Un jour qu'il était fatigué de ses courses, notre homme s'arrêta au pied du vieux donjon où se trouvait le prisonnier. Comme il portait son mouchoir à son front pour essuyer la sueur qui en découlait, il leva la tête et avisa la Giroflée.

— Oh! oh! s'écria-t-il, voilà une giroflée qui fera bien mon affaire; mon voisin et antagoniste Nicolas n'en a pas d'aussi belle dans sa collection; tâchons de nous emparer de celle-ci. Mais comment faire?

Le donjon était fort élevé : impossible de l'escalader. Notre homme jeta les yeux autour de lui. Il vit que la tourelle touchait à une espèce de rempart à demi ruiné; que du haut de ce rempart, on était à peine séparé de quelques pieds de la plate-forme. Il commença son ascension. Quoiqu'on fût au plus fort de la chaleur du jour, l'idée de jouer un bon tour à son voisin Nicolas lui donna du courage.

II

Le prisonnier contemplait sa Giroflée dans une de ces extases muettes qu'on n'éprouve qu'auprès de la femme qu'on aime. Tout à coup, il vit une ombre se dessiner sur le mur, et un homme apparaître sur la plate-forme. Il marchait réso-

lument vers la Giroflée. A la boîte dont il était
armé, le prisonnier reconnut un botaniste.

Quand il fut près de la plante, il se mit en
devoir de l'arracher.

— Arrête ! malheureux, lui cria le prisonnier ;
si tu as un cœur sensible, si les malheurs de tes
semblables peuvent te toucher, respecte cette
Fleur; c'est elle qui me soutient, qui me console, qui m'empêche de mourir.

— Voilà un pauvre fou qu'on a bien fait d'enfermer, murmura le botaniste, et il reprit son
œuvre.

— Infâme ! continua le prisonnier, Dieu te
punira !

Le botaniste s'était mis debout sur la plate-
forme. Les racines de la Giroflée étaient fixées
en dehors du mur : elles tenaient ferme. A un
violent effort de notre homme, la plante céda
cependant, mais elle ne vint pas seule : elle
entraîna le botaniste dans sa chute.

Ce que c'est que d'oublier les lois de l'équi-
libre, quand on herborise sur les vieux donjons !

La Providence avait vengé le prisonnier...

Bien plus cruellement encore qu'on pourrait
se l'imaginer, car le botaniste n'était pas tué
sur le coup.

IV

Il poussa des cris affreux. Des paysans accou-
rurent, le mirent sur un brancard et le transpor-
tèrent chez lui. Le médecin déclara qu'il fallait

lui couper les deux jambes. Après mûre délibé-
ration, cependant, il se contenta d'une seule
jambe.

Le botaniste guérit, mais il ne put plus se
livrer à l'herborisation. Il eut le crève-cœur de
voir tous les matins passer son voisin et antagoniste Nicolas, la boîte de fer-blanc sur le dos.

Nicolas herborisa tellement qu'il fut nommé
membre de l'Académie. Son voisin en eut la
jaunisse.

V

Quant au prisonnier, il tomba dans un morne
accablement. Il lui sembla qu'en perdant sa
Giroflée, il avait perdu une seconde fois sa
liberté. L'hiver vint, triste saison pendant laquelle, du moins, il ne songeait pas à sa plante
chérie; mais au printemps, un matin que les
rayons du soleil pénétraient dans son cachot,
il ne put s'empêcher de lever ses yeux baignés
de larmes sur le donjon.

Une autre Giroflée se balançait sur sa tige,
et disait bonjour au pauvre prisonnier.

THÉ ET CAFÉ

LE THÉ ET LE CAFÉ

LA Fleur de Café voulut un jour faire le voyage en Chine pour aller rendre visite à sa sœur la Fleur de Thé. Celle-ci la reçut avec une bienveillance dans laquelle perçait un léger sentiment de supériorité.

Pour la Fleur de Thé, en effet, le Café n'était qu'une Fleur barbare avec laquelle elle consentait à entrer en relations, malgré la distance qui sépare une Chinoise civilisée d'une étrangère encore plongée dans les ténèbres de l'ignorance.

Mais la fleur de Café avait trop de finesse et de pénétration pour ne pas s'apercevoir de cet accueil, et en même temps trop de fierté pour le supporter.

— Ma chère, dit-elle à la Fleur de Thé, quand elles se trouvèrent seules, vous prenez avec moi des airs qui ne me conviennent nullement; sachez que je n'ai pas besoin d'être protégée et que je vous vaux bien de toutes les façons.

La Fleur de Thé haussa dédaigneusement les épaules.

— Ma noblesse, repondit-elle, est de six mille ans plus vieille que la vôtre ; elle date de la fondation même du royaume de Chine, qui est le plus ancien des royaumes connus.

— Qu'est-ce que cela prouve ?

— Que vous me devez du respect.

Il faut vous dire que cette conversation avait lieu autour d'une petite table de laque sur laquelle étaient déposées une cafetière et une théière. Les deux Fleurs avaient fréquemment recours à l'excitant déposé dans ce récipient pour animer leur verve. — Vous êtes si fade, s'écria le Café, que les Chinois eux-mêmes ont été obligés de vous abandonner pour l'opium. Vous n'êtes plus pour eux un excitant, père de douze rêves, mais une simple boisson de table, comme chez nous le cidre ou la petite bière.

— J'ai conquis, répliqua le Thé avec vivacité, un peuple qui a vaincu les Chinois. Je règne en Angleterre.

— Et moi en France.

— J'ai inspiré Walter Scott et lord Byron.

— J'ai animé la verve de Molière et de Voltaire.

— Vous êtes un poison lent.

— Et vous un vulgaire digestif.

La Fleur de Thé reprit : — Dans l'harmonieux murmure de la bouilloire, on croit entendre chanter les esprits du coin du feu ; ma couleur ressemble aux cheveux d'une blonde : je suis la poésie du Nord, mélancolique et tendre.

— J'ai le teint noir des filles du Tropique, répondit la Fleur de Café; je suis ardente comme elles, je me glisse dans les veines comme une flamme subtile : je suis l'amour du Midi.

— Tu brûles, moi je console.

— Je fortifie, tu fais languir.

— A moi le cœur.

— A moi la tête.

Les deux Fleurs, exaspérées, allaient se prendre aux feuilles, lorsqu'elles convinrent de s'en rapporter à un tribunal mi-partie de buveurs de Thé et de Café. Ce tribunal siège depuis des siècles, et n'a pu encore formuler un jugement.

Véronique.

LA MUSIQUE DES FLEURS

Ceux qui aiment les Fleurs aiment aussi la musique. Quels sont les rapports qui lient entre eux ces doux instincts?

L'harmonie des tons ne répond-elle pas à l'harmonie des couleurs? Qu'on nous laisse croire que le résultat, l'air de cette double harmonie, c'est le parfum.

Ne vous est-il pas arrivé bien souvent, en écoutant une mélodie, de voir naître en vous le souvenir de certaines Fleurs? Weber nous transporte au fond des bois, parmi les pudiques Marguerites et les chastes Violettes. Rossini au milieu d'un parterre où s'étalent les cent variétés de la Rose. L'harmonieux Beethoven semble sortir d'une de ces haies où l'Aubépine, le Seringa, le Sureau, le Genévrier mêlent leurs fleurs variées et leurs odeurs.

Lorsqu'on chante devant nous un opéra de Donizetti, ne croyez-vous pas voir s'élever une de ces Pivoines éclatantes qui brillent un moment et dont les fleurs sont si vite flétries?

La musique d'Halévy rappelle le Camélia.
Celle d'Auber rappelle ces Convolvulus si flexi-
bles, si gracieux, qui se plient à toutes les exi-
gences, qui flottent au gré de tous les vents. En
entendant une mélodie de Schubert, il semble
qu'on se promène le soir au clair de lune sur un
coteau tapissé de Bruyères. De même, en respirant une Fleur, vous sentez s'élever dans votre
cœur de vagues réminiscences musicales. Il est
impossible de se promener longtemps seul au
milieu des Fleurs, sans avoir envie de chanter.
Une femme trouve qu'elle chante mieux quand
elle a un bouquet à la main.

Qui de nous, dans le recueillement d'une belle
nuit, au milieu des bruits étouffés, des murmures
mystérieux qui s'élèvent du sein des eaux, de la
terre et des bois, n'a pas démêlé distinctement
le chant varié des Fleurs, la cavatine brillante de
la Rose racontant ses amours, le saint cantique
du Lis, la chaste romance de la Vio'ette? Aux
chansons isolées succédait un concert, toutes
les Fleurs unissaient leurs voix dans un chœur
aérien qui se perdait peu à peu dans les profondeurs du feuillage, sous les herbes frissonnantes,
dans l'espace où la brise venait les recueillir.
Le son est invisible, insaisissable, comme le
parfum.

Le parfum flotte, pénètre, s'échappe comme le
son : l'un est la musique de l'homme, l'au're est
la musique de la nature, la voix des Fleurs. Il y
a des gens qui ont rêvé une gamme de parfums.

Tous les rêves sont dans la nature et dans le cœur de l'homme.

Pour celui qui a entendu une seule fois le concert dont nous venons de parler, les concerts ordinaires n'ont pas grand charme. Le chant humain ne lui paraît qu'un faible et terne reflet des mélodies de la nature. La musique ordinaire ne sert plus qu'à lui faire souhaiter plus ardemment les beautés idéales et mystérieuses de la musique des Fleurs.

Fuchsia.

LILAS

LE JOUR DU LILAS

LE Lilas s'est levé de bonne heure ce matin ; il a mis sa robe de fête, il s'est entouré de guirlandes : voyez les jolies Fleurs qui brillent dans ses cheveux ! il n'y a pas de Fleur plus aimable que le Lilas ; un léger incarnat colore ses joues blanches, il a la taille souple et flexible : sa physionomie candide a cependant un petit air espiègle qui fait plaisir. — Bonjour, charmante Fleur. Où vas-tu, joli petit Lilas ? — Le printemps est venu ce matin me dire : Réveille-toi ; tu dors encore, paresseux ! N'entends-tu pas le chant de l'alouette ? Viens m'aider dans mes travaux. Que de choses nous avons à faire ensemble ! Le ruisseau emprisonné par la glace va redevenir libre ; ne faut-il pas qu'il retrouve ses bords couverts de mousse ? A sa vue, la Mousse a reverdi ; la Rose, piquée d'émulation, s'est entr'ouverte ; le saule s'est paré de feuilles verdoyantes ; le rossignol est venu se poser sur une de ses branches, et de ses chants joyeux il a salué le Lilas. Le Lilas attire les jeunes gens et les jeunes filles : c'est la Fleur confidente de la jeunesse. Que de secrets on laisse envoler sous son ombre ? Mais le Lilas est discret ; il ne trahit jamais les secrets qu'on lui confie. Qui s'est jamais repenti d'avoir ouvert son cœur au Lilas ? Sa présence vient d'être signalée dans les champs. Aussitôt la porte des chaumières s'ouvre, mille figures joyeuses paraissent aux fenêtres. On court au-devant de la Fleur ; c'est à qui la saluera des premiers. Les vieillards lui sourient de loin ; filles et garçons s'empressent autour d'elle. C'est une grande fête dans la campagne, c'est le jour du Lilas. Les cœurs se sentent plus à l'aise depuis que la Fleur est de retour. C'est le moment de tenir la promesse donnée. Le Lilas leur a rapporté à tous leurs engagements ; il a rempli l'air d'un parfum de paix, de bienveillance et d'amour. Il a séché toutes les larmes ; personne ne pleure en présence du Lilas. La Fleur cependant continue sa course. Partout elle réveille les Lilas ses sœurs, les autres Fleurs ses compagnes. Des grappes d'un rose bleuâtre pendent le long des murs, se balancent au milieu des haies, frémissent au fond des bosquets. Le Lilas veut consoler tout le monde. Un Lilas blanc se penchait le matin sur le front d'Arnold, lorsqu'il est venu prier sur la tombe de la pauvre Maria. Il n'y a qu'un jour du Lilas dans l'année. On danse jusqu'au soir, on chante la Fleur qui donne la gaieté, la consolatrice printanière, la Fleur qui inspire les douces pensées et fait naître

l'amour. L'ombre s'étend sur le village, les
danses et les chants ont cessé. Où vas-tu, petite
Lotchen ? Pourquoi quittes-tu furtivement la
chaumière ? Tu cherches, dis-tu, le Lilas?
Qu'as-tu donc de si pressé à lui dire ? Le Lilas
a beaucoup travaillé aujourd'hui ; il est fatigué,
il s'est endormi heureux : Fais comme le Lilas,
Lotchen ! demain, à son réveil, tu lui diras ton
secret : mais je crois, pauvre petite, que la Fleur
le connaît déjà.

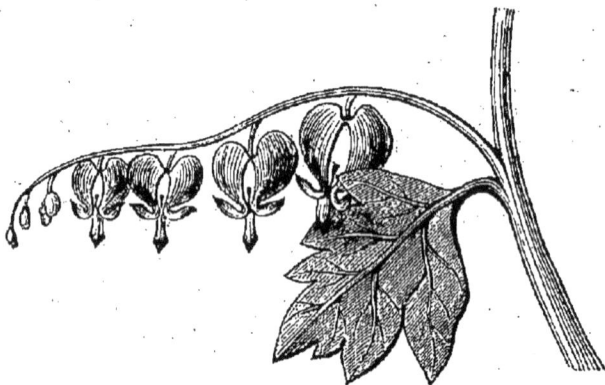

Diclytra.

TUBÉREUSE JONQUILLE

LA
TUBÉREUSE ET LA JONQUILLE

LA Jonquille et la Tubéreuse causaient ensemble de bonne amitié. La Jonquille s'était appuyée au rebord d'une fenêtre, la Tubéreuse assise sur un banc de gazon. Une vigne tapissait le mur et s'arrondissait sur la tête des deux Fleurs. Un Ramier chéri, élevé par la Tubéreuse, se trouvait partager cet entretien.

—L'autre jour, disait la Jonquille, mon maître, en me montrant à un de ses amis, s'est écrié : Voyez cette jolie Fleur ! c'est le Désir. — Moi, répondit la Tubéreuse, je suis la Volupté. — J'aime bien mieux être le Désir. — Cela vous plaît à dire, mais tout le monde n'est pas de votre avis. — Vous ne venez qu'après moi. — Mais je vous fais oublier. — Sans moi vous n'existeriez pas : je vous fais naître. — Moi, je vous ressuscite.

La conversation, comme on le voit, avait pris une tournure assez métaphysique. Le champ

7.

était vaste, et les deux Fleurs pouvaient disputer longtemps avec des avantages égaux. Entre le Désir et la Volupté, entre la Jonquille et la Tubéreuse, ce n'est pas nous qui oserons décider. Heureusement, le Ramier n'éprouvait pas les mêmes scrupules.

— Tout beau, mesdames ! ne vous échauffez pas, dit-il : je vais juger le différend. — Vous ! s'écrièrent dédaigneusement les deux interlocutrices. — Moi-même, répondit le Ramier ; je ne manque pas d'expérience, malgré mon air simple, et j'ai longtemps réfléchi sur l'essence des choses. Vous allez voir. — Voyons.

La Tubéreuse et la Jonquille ne purent parvenir à réprimer entièrement un sourire ironique.

— Pour vous juger, reprit le Ramier, je n'ai qu'à voir la manière dont les hommes vous traitent ; la nature a pris soin de multiplier la Jonquille : elle abonde dans les prés, elle s'épanouit à côté des Fleurs les plus simples. Son parfum est doux sans être enivrant. Sa tête penchée qui semble cachée sous un voile blanc, sa robe vert d'espérance charment le regard. L'homme aime à s'entourer de Jonquilles. Sur la fenêtre du pauvre, sur la cheminée du riche, partout elle est bien accueillie. C'est que le désir plaît. — Quant à vous, madame la Tubéreuse, c'est autre chose. Vous êtes originaire de l'Inde, vous êtes fille de la terre d'où nous viennent tous les poisons. Vos grandes Fleurs blanches lavées de rose séduisent, il est vrai, par leur beauté ; mais leur

parfum ne peut se sentir longtemps. En vous
voyant pour la première fois, un charme puissant
s'empare des sens, on voudrait se livrer tout
entier au plaisir de vous respirer; mais bientôt
une fatigue étrange remplace cet enivrement passager. On vous éloigne, on vous évite, on craint
de vous approcher. C'est que la volupté tue.

Il y a longtemps qu'on a donné la préférence
à la Jonquille sur la Tubéreuse. Nous souscri-
vons de grand cœur à ce jugement; mais nous
craignons bien qu'on n'en conteste la validité.
Les sages seuls sont de l'avis du Ramier. Le
reste des hommes hésite encore entre le Désir
et la Volupté.

Lychnis du Japon.

Reine Marguerite

Campanule Fuchsia Pied d'Alouette Muguet Liseron

BAL

LE BAL DES FLEURS

De joie de se trouver réunies après tant de vicissitudes, les premières Fleurs de retour se décident à donner un bal avant de reprendre leur forme primitive. La Fée aux Fleurs avait fait construire une salle de bal magnifique ; mais nous nous dispenserons d'en donner la description, attendu que les Fleurs n'y entrèrent pas. Elles préférèrent danser en plein air.

Il est vrai que le plein air au pays des Fées ne ressemble nullement à celui de nos climats. Le ciel est si rapproché de la terre qu'il ressemble à un plafond parsemé d'étoiles ; le vent est caressant et léger : on dirait une gaze invisible. Les Fleurs d'ailleurs craignaient, en se retrouvant dans un salon, d'être obligées de se rappeler la terre.

Des milliers de Lucioles, girandoles vivantes, traînaient partout comme une mouvante illumination. Rien n'était joli comme de voir ces insectes gracieux décrire sur la tête des danseuses leurs courbes lumineuses.

Enfin, l'orchestre commença : il était entièrement composé de Rossignols, membres du Conservatoire de la Fée de la Musique. L'Oiseau bleu le dirigeait en marquant la mesure avec un bâton d'or incrusté de diamants.

Les musiciens jouèrent d'abord une contredanse, puis une polka, puis une valse, ainsi que cela se pratique maintenant dans les salons du grand monde.

Au bout de deux contredanses, les Fleurs se sentirent fatiguées. Comment avons-nous pu voir un plaisir dans la danse ? se disaient-elles avec étonnement. La Belle-de-Nuit elle-même ne comprenait pas la passion qu'elle avait eue pour les bals masqués.

— Tous ces pas, disait le Lis, ne valent pas le doux balancement que m'imprime le Zéphire.

— Elle a raison, répétèrent toutes ses compagnes, plus de danse; allons supplier la Fée de mettre fin à notre métamorphose, et de nous rendre au doux balancement du Zéphire.

La Reine-Marguerite présidait en ce moment un immense galop ; il fallut le rompre et se joindre aux autres Fleurs qui s'avançaient vers la Fée.

En reconnaissant leur ancien asile, le premier sentiment qu'elles éprouvèrent fut un sentiment de joie auquel succéda bientôt la crainte. Quel accueil allait leur faire la Fée ?

Elles étaient parties malgré elle, sans vouloir écouter ses sages avertissements. Maintenant,

les trouverait-elle assez punies ; consentirait-
elle à les recevoir ?

Aucune d'elles n'osait s'avancer pour sonner
et se faire ouvrir la grille du jardin.

Tout à coup la porte s'ouvrit comme d'elle-
même à deux battants, et l'on vit paraître la Fée.
Les Fleurs tombèrent à ses genoux en versant
des larmes, mais elle les releva avec bonté.

— Entrez, leur dit-elle, pauvres enfants, venez
reprendre auprès de moi la place que vous n'auriez jamais dû quitter.

L'Oiseau bleu était perché sur l'épaule de la
Fée.

— Va, reprit-elle, gentil messager, retourne
sur la terre, et guide vers moi les pauvres égarées qui ne savent plus retrouver le chemin de
la patrie.

L'Oiseau bleu agita ses ailes de turquoise et
prit son essor.

Pendant toute la journée, la grille du jardin
s'ouvrit et se referma plus de vingt fois. Les
Fleurs rentraient par bandes nombreuses. Le
soir, deux ou trois retardataires seulement man-
quaient à l'appel.

Le Bluet et le Coquelicot se présentèrent ensemble, suivis du Liseron, qui avait beaucoup
de peine à marcher. L'Aubépine guidait la marche
de la Belle-de-Nuit, dont les yeux faibles ne
pouvaient supporter la clarté du jour. Le Lis, la
Rose, la Capucine, le Jasmin, le Chèvrefeuille,
l'Œillet, l'Oranger, la Pervenche, l'Aubépine,

le Grenadier, la Violette, la Pensée, la Tulipe, la Guimauve, l'Églantine, le Myrte, le Laurier, le Narcisse, l'Anémone, toutes les fleurs dont nous avons raconté l'histoire avaient éprouvé le besoin de cesser d'être femmes ; elles étaient venues en même temps solliciter le pardon de leur souveraine.

Pas une qui ne revît avec délices les lieux où elle était née ; pas une qui ne se rappelât, avec une terreur mêlée de honte, les heures qu'elle avait passées sur la terre.

Bleuette et Coquelicot, les deux bergères, songeaient à la trahison dont elles avaient été victimes de la part des deux bergers si langoureux, mais si infidèles.

La Pensée maudissait les hommes qui, à l'envi les uns des autres, semblaient se faire un plaisir de la repousser. L'Aubépine frissonnait en pensant au Sécateur. La Tulipe se demandait comment elle avait pu s'habituer aux ennuis du sérail.

L'Églantine tremblait intérieurement, qu'en punition de son escapade, la Fée ne la forçât à lire les livres qu'elle avait composés du temps qu'elle figurait parmi les bas-bleus.

La Capucine, libre en plein air, plaignait du fond de l'âme les pauvres jeunes filles qu'on condamne à vivre dans un couvent. Ainsi de suite des autres Fleurs.

La Fée, cependant, ne songeait pas à se venger, ainsi que l'Églantine et quelques autres Fleurs paraissaient le craindre, surtout en voyant qu'elle ne se hâtait pas trop de leur faire quitter leur costume terrestre. La Fée avait son projet. Nous le révélerons tout à l'heure.

Lorsque la fraîcheur commença à descendre du ciel avec l'ombre, la Fée réunit toutes les Fleurs dans son Palais.

— Mes filles, leur dit-elle, je pourrais vous faire de la morale, mais je m'en dispense. Je lis au fond de votre cœur et je vois qu'il vous adresse lui-même une semonce que toutes les miennes ne vaudraient peut-être pas. Vous vous contenterez désormais d'être Fleurs, j'en suis certaine ; si cependant quelqu'une d'entre vous voulait devenir femme tout à fait, elle n'a qu'à le dire. Je donne ma parole de Fée que son souhait sera exaucé à l'instant.

Un silence universel accueillit cette proposition.

— Maintenant, reprit la Fée, allez vous reposer. Demain commenceront les fêtes par lesquelles je veux célébrer votre retour. C'est pour cela que je vous ai laissé conserver vos vêtements humains. Tous les Sylphes du voisinage y seront invités.

Les Fleurs crièrent : Vive la Fée ! et défilèrent devant elle. Il y eut un baisemain général.

ERRATUM

Voici un chapitre que nous n'entamons qu'en tremblant. Méfions-nous des errata. On sait quand on les commence, et on ne sait pas quand on les finit.

Cependant les droits de la vérité sont imprescriptibles. Il faut que nous nous accusions de nos erreurs. Encore si nous pouvions les rejeter sur un prote distrait; mais les fautes que nous avons commises ne sont pas des fautes d'impression.

Elles touchent au fond même des choses; elles faussent leur signification morale, elles blessent la vérité historique, philosophique, mystique, que sais-je encore ?

Aussi n'avons-nous pas hésité un seul instant à nous exécuter de bonne grâce. Nous ne voulons pas, dans un ouvrage de cette importance, rester en arrière des idées progressives, et nous faire traiter d'écrevisse littéraire par la critique.

La critique est sévère quand elle s'y met !

Une foule de lettres anonymes nous ont été

adressées dans le cours de cette publication. Les
unes nous portaient aux nues, les autres nous
accablaient de malédictions. La dernière de ces
lettres était foudroyante ; le lecteur pourra en
juger :

« Téméraire, craignez le courroux de Flore ! »

Nous nous sommes empressé d'apaiser la
déesse par des sacrifices convenables. Serons-
nous aussi heureux auprès de la critique ?

Nous savons qu'on nous a reproché, dans une
des dernières séances de l'Académie des
sciences morales et politiques, d'avoir usé d'un
symbolisme rétrograde pour caractériser le
Myrte et le Laurier. Nous nous empressons de
reconnaître la vérité de ces observations. Le lecteur est prié de considérer comme non avenus
les deux dessins représentant le Myrte et le
Laurier. Grâce aux lumières qui lui ont été
fournies par l'analogie, et après deux mois
de conférences avec un professeur de myrtes
indien, Grandville a fini par trouver que le
Myrte ne pouvait pas mieux se représenter que
par un vieux roué, et le Laurier par un vieux
mousquetaire.

Dans le congrès scientifique de France qui a
eu lieu cette année, plusieurs séances ont été
consacrées à l'examen des *Fleurs animées*. La
section de botanique, tout en constatant les services que ce livre est susceptible de rendre à la
science, n'a point hésité à signaler une erreur
de détail commise par nous. Le portrait que

Grandville a donné de la Belle-de-Nuit, dans la
20ᵉ livraison, est celui d'une Fleur qui appartient
évidemment à la famille des Liserons. Dans le
dessin ci-joint, on trouvera la véritable Belle-
de-Nuit telle qu'elle est décrite par Linné, Tournefort, de Jussieu et de Candolle. Trop heureux
si nous nous montrons digne, par cette rectifi-
cation, de la bienveillance et des éloges du
congrès scientifique !

Un impardonnable oubli nous avait fait négli-
ger, à côté du Myrte et du Laurier, de placer
l'Olivier. Il était digne cependant de figurer
dans notre galerie allégorique. L'Olivier est
l'arbre de Minerve ; il représente la sagesse
et la paix. Le lecteur le reconnaîtra sans peine
sous son bonnet de coton.

Dans cette jeune fille à l'allure vive et dégagée
qui fume avec tant d'intrépidité le havane de
la régie, nous avons personnifié le Tabac, dont
nous n'avions donné, dans les livraisons précédentes, que les attributs. Pour aller au devant
de toutes les objections, nous avons appliqué
à l'Immortelle le même procédé qu'au Myrte,
au Laurier et au Tabac. De l'emblème mort
nous avons fait une créature vivante. Le dessin
de l'Immortelle, qui figure dans le groupe joint
à cette livraison, a été copié par Grandville
dans les cartons de Phidias, récemment décou-
verts à Athènes par un voyageur français.
L'artiste grec comptait sans doute en faire une
statue de l'Eternité.

Maintenant que nous avons réparé les fautes et comblé les lacunes signalées par la critique, il ne nous resterait plus qu'à nous féliciter d'avoir mené à bonne fin un ouvrage de cette importance morale, philosophique et littéraire. Le crayon peut se reposer en paix, lui du moins n'a pas de remords. L'esprit, la verve, la grâce, la finesse ne lui ont pas fait défaut un seul instant ; mais, hélas ! la plume ne peut en dire autant ; pardonnez-lui, pauvres Fleurs ! qu'avait-elle besoin de vous faire parler, vous, si éloquentes dans votre silence ! La plume, c'est la bavarde du livre ; le poète, c'est le crayon !

TAXILE DELORD

Fleur de *Caltha palustris*. (Le périanthe est simple et coloré comme une corolle.)

BOTANIQUE DES DAMES

INTRODUCTION

PAR

ALPHONSE KARR

N'ALLEZ PAS PLUS LOIN. — Charmantes lectrices, — arrêtez-vous ici, — posez le
livre, — on vous trompe. — M. Grandville,
avec ses ingénieux et gracieux caprices ; M. Delord avec ses pages spirituelles, sont tout simplement deux traîtres : à travers des sentiers
fleuris et parfumés, ils vous conduisent dans un
piège ; ils veulent vous livrer aux savants, — et
à quels savants ! aux botanistes, — à ces hommes qui sont vos ennemis, comme ils sont ceux
des Fleurs.

Pauvres Fleurs ! — voyez le sort qu'ils leur
font subir : ils arrachent la Pervenche aux bords
des haies, — les Vergiss-mein-nicht aux rives
des fleuves, — le Réséda au pied des vieux murs ;

— puis, comme nous l'avons dit dans notre monologue, ils les assassinent, les aplatissent, les écrasent, les dessèchent, leur ôtent leur parfum et leur couleur ; — puis, sur ces tombes qu'ils appellent les herbiers, ils gravent de ridicules et prétentieuses épitaphes : ils les rendent laides d'abord, et enfin ennuyeuses.

Prenez garde ! ils veulent vous rendre savantes. — Défiez-vous d'eux comme des hommes qui veulent vous faire fumer des cigarettes. — Au nom du ciel, — au nom de votre beauté, au nom de notre amour, restez femmes, — n'espérez pas de devenir rien de mieux.

Vous devez savoir quelque gré à l'éditeur des *Fleurs animées* de ce qu'il a fait dans votre intérêt.

Il n'a pas osé ne pas mettre un petit traité de botanique dans son ouvrage ; mais il a voulu écrire devant : Ici est un piège, ici est l'ennui.

A qui a-t-il demandé une introduction ? — Certes, il n'avait pas besoin de moi. — M. Delord lui a fait un livre spirituel, et dix autres mieux que moi lui auraient écrit son introduction ; dix autres qui demeurent à Paris comme lui, — qui sont ses voisins, — qu'il rencontre tous les jours.

Eh bien ! il est allé me chercher au bord de la mer, loin de Paris, — au lieu de dire à M. Delord : — Monsieur Delord, finissez le livre, tout le monde y trouvera son compte ;

Au lieu de dire à un botaniste : Monsieur le

botaniste, faites-moi ici un éloge de votre science ;

Il s'est adressé à moi, — parce qu'il sait que moi, qui suis jardinier, — que moi, qui aime toutes les Fleurs, et que les Fleurs aiment un peu, j'ai écrit bien des pages contre les gens qui ont dit que la Rose à cent feuilles est un monstre.

Il n'osait pas ne pas joindre à son ouvrage un traité de botanique, mais il a placé à la porte une sentinelle vigilante pour vous crier : Au large ! si vous tentez de franchir le seuil de ce petit temple élevé à l'ennui.

En France, on aime le plaisir, mais on respecte, on vénère l'ennui ; — on lui élève des temples et on lui fait des sacrifices, — comme les anciens sans doute en faisaient aux Euménides, à la fièvre, à la peste et à la guerre ; les places, les honneurs, les dignités, sont pour les auteurs de gros livres ennuyeux. — On enferme les livres d'abord dans de magnifiques reliures, — puis dans une bibliothèque.

On gorge les auteurs de tout ce qu'ils peuvent désirer, — on tâche de les apaiser ; puis alors on lit les charmants poètes, — et les historiens de cœur.

Peut-être aussi vous trompe-t-on — et me trompe-t-on en même temps.

Peut-être suis-je aussi, — mais sans le savoir, — un des complices des embûches qui vous sont tendues ici.

Peut-être, après avoir cherché les moyens de vous faire lire la botanique, — après vous y avoir fait mener tout doucement par les deux traîtres que je vous ai dénoncés; après avoir confié la machine infernale à un ouvrier adroit et spirituel, qui en a habilement déguisé la forme, a-t-on encore eu peur que vous ne lisiez pas le traité de botanique, — et a-t-on pensé que le seul attrait sérieux qu'on pût lui donner était d'en faire quelque chose de défendu.

Et c'est alors qu'on est venu me chercher.

Pour moi, si je suis complice de cette trahison, c'est, je le répète, à mon insu, — et je vous dis encore : Arrêtez-vous. — N'allez pas plus loin par le livre, on vous trompe !

Alphonse KARR.

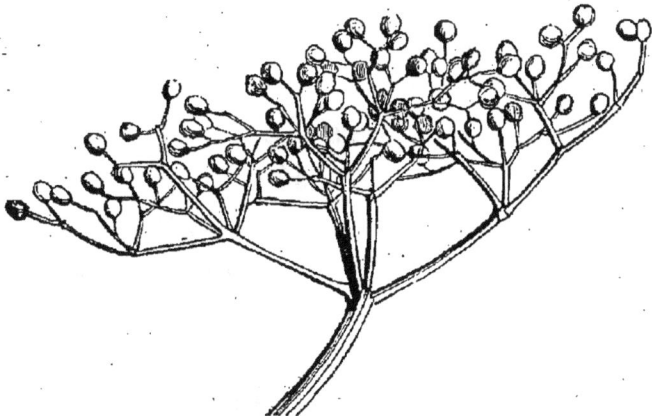

Sureau.

—

PREMIÈRE PARTIE

PHYSIOLOGIE

———

LES savants sont des tyrans impitoyables. Voyez ce qu'ils ont fait de la botanique, cette charmante et gracieuse science! Ils avaient à dire l'histoire des arbres, des plantes, des fleurs. Leur mission principale paraissait être de faire répéter cette histoire par de jolies et fraîches lèvres, sur lesquelles il semble qu'on ne doit mettre que des perles et des feuilles de roses. Eh bien! sans pitié ni merci, ils se sont brutalement emparés de ces frêles et suaves filles du ciel et de la rosée; ils les ont froissées, mutilées; il les ont jetées dans le creuset de l'étymologie, et après toutes ces effroyables tortures, et comme pour s'assurer l'impunité, ils ont caché leurs victimes sous un monceau de noms barbares. Ainsi, grâce à eux, l'Aubépine, ce symbole d'espérance et de virginité, gémit sous l'affreux nom de *mespilus oxyacantha*; le

Chèvrefeuille, ce doux lien d'amour, s'appelle *lacinera caprifolium*; la Giroflée des murailles, charmante consolatrice du pauvre, est à jamais marquée de ce double stigmate *cherantus chieri*; puis, ce sont des *chrysanthemum leucanthemum* (Grande Marguerite), des *lyriodendron tulipifera, vaceinium oxycocus*, etc. Nous en passons des plus terribles.

Tout cela est affreux, n'est-ce pas ?... Malheureusement, tout cela est nécessaire. Admirer n'est pas connaître, et, pour connaître, l'ordre et la méthode sont indispensables. Comment, en effet, étudier les vingt mille espèces de plantes connues, sans les diviser en groupes, classes, etc. ? Comment, au milieu de cette multitude, se passer des secours de l'étymologie? Pardonnons donc aux savants, qui n'ont fait qu'obéir à la nécessité, et entrons dans ce beau domaine dont ils ont dissipé les ténèbres.

Le règne végétal ne tient pas, comme on le croit communément, le milieu entre les règnes minéral et animal; il se rapproche beaucoup plus de ce dernier que de l'autre; les végétaux, comme les animaux, naissent, vivent, s'accroissent, se reproduisent et meurent; quelques plantes même semblent douées de sentiment. On a donné à l'étude de ce règne le nom de botanique.

SEMENCE OU GRAINE. — Le but que s'est proposé la nature dans la création des êtres animés, est la reproduction de l'espèce. C'est pour elle

qu'elle a varié à l'infini ces enveloppes protec-
trices destinées à garantir les Fleurs des injures
de l'air; c'est pour elle qu'elle mûrit les Fleurs
dont les sucs alimentaires contribuent au développement et à l'accroissement de la semence,
qui est à la fois la terminaison et le point de
départ du grand œuvre de la végétation.

La graine a des analogies très marquées avec
l'œuf des animaux : c'est d'elle que doit sortir
une plante parfaitement semblable à celle qui
l'a portée. Le prolongement filiforme qui attache
la graine à son enveloppe est destiné à lui trans-
mettre des sucs nourriciers. L'embryon contenu
dans la graine est la plante entière en miniature.
C'est lui qui, se développant, deviendra un
végétal semblable à celui dont il tire son origine.

L'embryon est essentiellement formé de quatre
parties : le *mésofite* ou la *tigelle*, la *radicule*, la
plumule et les *cotylédons*.

Le mésofite est la partie de l'embryon qui
unit la radicule à la plumule; la radicule s'é-
chappe la première des enveloppes de la semence : c'est le rudiment de la plante; la plumule
est la partie de l'embryon qui représente la tige;
les cotylédons forment la partie la plus considérable de l'embyron : ce sont des lobes ou corps
charnus; leur nombre varie selon les plantes;
quelquefois ils manquent tout à fait. C'est sur
leur présence, leur absence et leur nombre que
l'on a établi les trois grandes tribus du règne
végétal :

Les plantes *acotylédones*, qui n'ont point de cotylédons ;

Les *monocotylédones*, qui n'ont qu'un seul cotylédon ;

Les *dicotylédones*, qui ont plusieurs cotylédons.

GERMINATION. — Ainsi, dans toute graine réside le principe de la vie, du développement, de la grâce ou de la majesté. Mais ce principe dort, et son sommeil peut être éternel, si une main amie ne lui vient en aide. Il est vrai que la plupart des embryons enfermés dans ces œufs végétaux peuvent attendre sans péril la circonstance favorable qui leur permettra d'en briser la coquille. Quelques graines, en effet, conservent pendant fort longtemps la faculté germinative ; pour plusieurs, cette faculté existe encore plus d'un siècle après la maturité, et l'on assure que des graines trouvées à Herculanum et à Pompéi, deux mille ans après que ces cités eurent été ensevelies sous le sol, ont germé facilement.

Et puis, à défaut de la main de l'homme, la nature, cette tendre mère, use de toutes sortes d'ingénieux moyens pour assurer la propagation des espèces ; c'est ainsi qu'elle a doué certains fruits, tels que ceux de la Balsamine, du Sablier, du mouvement élastique qui lance au loin les semences ; l'air, les vents, les eaux de la mer, des fleuves servent aussi à transporter les semences à des distances prodigieuses. Il n'est pas rare que la mer jette sur les côtes de la Norvège des fruits de l'Amérique qui ont conservé leur propriété germinative, malgré l'espace de temps considérable qu'a nécessité cette longue traversée. Certaines graines sont aussi transportées d'un lieu dans un autre par des oiseaux, et déposées sur un terrain favorable à la germination. Enfin, une foule de circonstances fortuites aident encore à la propagation. C'est ainsi que les habitants de l'île de Guernesey se trouvèrent dotés d'une des plus belles fleurs du Japon : un vaisseau, venant de ce dernier pays en France, apportait plusieurs caisses d'oignons d'une très belle espèce de liliacée, connue depuis sous le nom d'Amaryllis de Guernesey. Ce vaisseau fit naufrage sur les côtes de l'île ; les caisses se brisèrent contre les rochers, et les oignons furent disséminés sur le sable ; ils s'y enracinèrent, s'y naturalisèrent, et devinrent, pour les habitants, un objet de commerce très lucratif.

Beaucoup de graines périssent cependant ; mais c'est là une nécessité, à raison de leur abondance, qui est réellement prodigieuse ; ainsi, on en a compté jusqu'à trente-deux mille sur un seul pied de pavot, et l'on a calculé que, si toutes ces semences réussissaient, elles couvriraient notre globe tout entier à la cinquième génération.

Trois choses sont essentiellement nécessaires à la germination : la chaleur, l'air et l'humidité. Confiée à la terre dans ces conditions, la graine ne tarde pas à se gonfler ; la vie commence ; l'embryon déchire son enveloppe, et livre passage à la plumule à travers ses codylédons écartés. La radicule se tourne vers la terre et produit en tous sens des fibrilles. La radicule reste le pivot de la racine ; les fibrilles en forment le chevelu. La plumule s'élève, nourrie par des cotylédons dont la substance se liquéfie, devient laiteuse, et qui remplissent l'office de véritables mamelles.

L'enfant est né, il grandit chaque jour ; ses traits se dessinent, ses formes se dégagent ; on voit encore un peu ce qu'il fut, et l'on commence à deviner ce qu'il sera.

ORGANES DE LA VÉGÉTATION

RACINES. — Presque tous les végétaux sont formés de deux parties distinctes, la tige et la racine ; la première, brillante de parure et de beauté, s'élève dans l'atmosphère ; l'autre, dépourvue d'éclat, s'enfonce dans la terre pour y remplir obscurément ses fonctions, véritable image des destinées diverses des grands et du peuple : ayant une même origine, l'un travaille et souffre au profit de l'autre qui s'étend et domine.

C'est par les racines que les végétaux vivent : qu'elles cessent de fonctionner, ils s'étiolent et meurent. Il y a des racines dont l'existence ne dure qu'un an, d'autres vivent deux ans, d'autres encore de trois à douze ans ; la durée d'un certain nombre est illimitée. C'est ce qui a fait diviser les plantes en *annuelles*, *bisannuelles*, *vivaces* et *ligneuses*.

On divise les racines en trois classes : les *fibreuses* (fig. 1re), qui sont composées d'une multitude de jets longs et filamenteux; les *tubéreuses* (fig. 2), qui présentent des masses tuberculeuses irrégulières, charnues, contenant souvent une fécule abondante, et les *pivotantes* (fig. 3), qui s'enfoncent perpendiculairement dans la terre.

Ces formes variées ne sont point un effet du hasard; elles sont, pour l'observateur, une preuve de la prévoyance de notre bonne mère commune, prévoyance qui se manifeste partout et toujours, et qui a donné naissance à ce proverbe :

A brebis tondue, Dieu mesure le vent.

Ainsi, sur les montagnes, sans cesse assaillies par les vents, on ne trouve que des racines fibreuses, dont les ramifications pénètrent dans les anfractuosités, s'y cramponnent et permettent aux tiges de braver les orages ; les racines pivotantes se logent dans les terres fortes, profondes, et les racines tubéreuses s'étendent dans les terrains maigres et sablonneux.

Comme on vient de le voir, la durée de la vie des végétaux est subordonnée à celle des racines; mais celles-ci, à leur tour, sont soumises à l'influence de la température. Le Ricin, par exemple, qui dans les pays chauds forme des arbres ligneux n'est dans notre climat qu'une plante annuelle ; et nos plantes potagères, transportées dans les contrées méridionales, y deviennent vivaces et ne peuvent plus y être mangées.

L'analogie est si grande entre les parties du végétal qui s'étendent sous le sol et celles qui s'élèvent au-dessus, que ces dernières peuvent devenir racines ; par exemple, les filets pendants des branches du figuier des pagodes tombent jusqu'à terre, s'y enracinent en très peu de temps : ce sont des enfants qui reviennent au sein maternel.

Tiges. —Les tiges présentent une grande diversité de formes : il en est qui rampent sur le sol sans y jeter de racines ; d'autres, au contraire, poussent des drageons qui s'enracinent et produisent de nouvelles tiges ; d'autres encore, trop faibles pour atteindre seules l'élévation qu'elles ambitionnent, entourent de leurs circonvolutions les troncs des grands arbres, les unes s'enroulant constamment de gauche à droite, les autres toujours de droite à gauche. Ainsi, si l'on plante au pied d'un arbre une tige de haricot et une de houblon, elles s'enrouleront en sens inverse et se croiseront ; que l'on essaye de changer leur direction, elles la reprendront, et si l'obstacle qu'on leur aura opposé est insurmontable, elles mourront.

Les tiges sont ou cylindriques, ou cannelées, ou triangulaires. Dans un grand nombre de végétaux, la tige est unie, sans poil ni duvet ; dans beaucoup d'autres, elle est couverte de petites

écailles garnies de poil, et elle porte des bulbilles à l'aisselle des feuilles. Les tiges sont
herbacées lorsqu'elles sont tendres, molles, et
elles meurent après une année d'existence ;
elles sont vivaces, s'il croît une nouvelle tige
l'année suivante ; elles sont *sous-ligneuses*,
quand la base résiste à l'hiver ; enfin, elles sont
ligneuses quand elles se convertissent en bois.

Maintenant, supposons que de la graine sou-
mise à la germination sorte une plante herbacée,
à tige ; elle s'élèvera plus ou moins rapidement,
sa tige aura des feuilles, mais aux aisselles de
ces feuilles il n'y aura point de boutons, et la
plante ne vivra que de un à trois ans. De la graine
qui doit produire un arbuste, la tige prendra une
consistance ligneuse, mais les aisselles des
feuilles seront également dépourvues de boutons. Elle résistera aux hivers, et produira des
fruits et des fleurs chaque année. La tige de l'arbrisseau sera plus vigoureuse et portera des
boutons ; mais elle se divisera, à sa base, en un
certain nombre de rameaux ligneux. Enfin, la
tige qui doit devenir un arbre s'élèvera d'un seul
jet à une certaine hauteur. Cette tige, de la racine à ses premiers rameaux ligneux, s'appelle
tronc (fig. 4). Les rameaux sont divisés en
quatre ordres, selon leur force.

Examinons maintenant la structure de la tige,
et prenons pour cela celle d'un végétal ligneux
qui est le plus complet. En la tranchant trans-
versalement, nous trouverons d'abord l'*écorce*,

recouverte d'un mince épiderme ; sous l'écorce est le *liber*, partie essentiellement vivante et organique du végétal, et qui doit son nom à la facilité avec laquelle on peut le séparer en feuillets semblables à ceux d'un livre ; vient ensuite l'*aubier*, puis le *bois* proprement dit, et ensuite la *moelle*.

La partie concentrique du bois qui entoure la moelle est composée de vaisseaux poreux, suivant une direction parallèle dans toute la longueur des tiges, et dans lesquels circule la sève, principe vital de tous les végétaux. Une partie de ces vaisseaux se prolongent latéralement, entraînant une portion de la moelle. Ces vaisseaux, qu'on nomme prolongements médullaires, ont dans l'écorce leur partie essentiellement vivante, d'où il résulte que l'on voit souvent des arbres dont la végétation est encore très vigoureuse, bien que leur partie ligneuse soit anéantie, et qu'ils en soient réduits à leur écorce, ainsi que cela se présente fréquemment dans les saules.

Voici maintenant la marche de l'accroissement : chaque année, les feuilles déliées du *liber* se solidifient et s'unissent aux dernières couches de l'*aubier*, qui n'est encore qu'un bois imparfait mais qui passe à l'état de *bois* au fur et à mesure que le *liber* passe à l'état d'*aubier*. Il en résulte que les couches concentriques se superposant annuellement, elles indiquent parfaitement l'âge du végétal. Ce n'est pas là toutefois une règle sans exception ; cette règle, qui s'applique aux

tiges dicotylédones, la plus nombreuse des
tribus végétales, n'est pas applicable aux monocotylédones, dont la structure présente un
sens inverse. Par exemple, que l'on examine la
coupe transversale d'un palmier, on ne trouve
plus d'écorce, d'aubier, de couches concentriques, de prolongements médullaires ; le tissu
le plus solide et le plus ancien dans cette tige
est à l'extérieur, par la raison que l'accroissement vient de l'intérieur. Ainsi, un palmier, à
sa naissance, forme une touffe de feuilles sans
tige ; un an après, il naît de nouvelles feuilles
du centre des premières, et celles-ci, repous-
sées vers la circonférence, tombent en vieillis-
sant ; mais leurs bases se soutiennent et forment
un anneau qui est l'origine de la tige ; l'année
suivante, un second anneau se forme de la même
manière au-dessus du premier, de telle sorte que
l'âge du palmier peut se calculer par ses anneaux.

BRANCHES ET RAMEAUX. — Les branches et les
rameaux ont une organisation parfaitement
semblable aux tiges ; ils forment, avec la tige,
un angle qui s'ouvre davantage à mesure que
l'arbre vieillit, et les branches finissent souvent
par devenir pendantes.

Les tiges de quelques végétaux croissent avec
une grande rapidité et atteignent une prodigieuse longueur : les chênes, dans nos forêts,
atteignent souvent une hauteur de quarante
mètres, et les palmiers des Cordillères dépassent quelquefois soixante mètres.

La grosseur des tiges de certains végétaux n'est pas moins remarquable; on montre, au village d'Allouville, près d'Yvetot, un chêne qui n'a pas moins de neuf mètres de circonférence, et dans l'intérieur duquel on a construit une chapelle et une salle assez vaste. Le châtaignier de l'Etna, qu'on appelle dans le pays l'*albero a centicavalli*, a près de quatorze mètres de tour, et cent cavaliers peuvent se mettre à l'abri sous ses rameaux, ce qui n'est rien cependant en comparaison de quelques baobabs du Sénégal, qui ont jusqu'à trente mètres de circonférence à la naissance du tronc.

Il est bien dur d'être forcé d'en convenir, mais il faut de la franchise avant tout : les végétaux, qui n'ont peut-être de moins que nous, que la faculté de la locomotion, nous sont bien supérieurs sous d'autres rapports : ainsi, ce n'est pas seulement par les graines que les végétaux se reproduisent, mais encore par la greffe, par les boutures, le marcotage, les éclats de racines, etc.

Boutons. — Ces moyens de reproduction ont démontré que, dans chacun des *boutons* espacés sur un rameau, se trouve renfermée une plante entière, pourvue de tous ses organes. Ces boutons sont de petits corps entourés d'écailles qui se développent dans l'aisselle des feuilles et à l'extrémité des rameaux. Ils commencent assez généralement à se montrer en été, et on leur donne alors le nom d'*yeux*.

Pendant l'automne, ils grossissent : ce sont les *boutons* proprement dits. Au retour du printemps, les écailles tombent, les boutons se développent, et ils prennent le nom de *bourgeons* (fig. 5).

Il y a trois espèces de boutons : ceux qui produisent des branches, et qu'on appelle *boutons à bois;* ceux qui produisent des feuilles, nommés *boutons à feuilles*, et ceux qui produisent des fleurs, qu'on nomme *boutons à fleurs* ou *boutons à fruits*. Les racines des plantes vivaces portent des boutons qui, en se développant, produisent des tiges annuelles.

Ces boutons, qu'on appelle *turions*, se distinguent des boutons proprement dits, en ce que leur origine est constamment souterraine.

Feuilles. — La pousse des feuilles, ou la *foliation*, commence immédiatement après l'apparition du bourgeon. Leur naissance est le signe d'une vie nouvelle pour tous les êtres de la création : dans les bois, si longtemps silencieux, retentissent les chants des oiseaux; les champs se couvrent de fleurs; les hommes se sentent meilleurs; le cœur s'épanouit, et de même que la sève, le sang circule plus vite. Les feuilles contribuent de deux manières à la production de ce sentiment universel de bien-être : d'abord, en charmant la vue, elles font naître les plus douces émotions; puis elles versent, dans l'espace, des flots d'air vital, en même temps qu'elles absorbent les émanations putrides, les germes de destruction et de mort.

La plupart des feuilles sont soutenues par une queue mince et légère nommée *pétiole*, et elles se terminent par une expansion membraniforme appelée *disque*. Les feuilles qui n'ont point de pétiole s'étendent en lames dès leur séparation de la tige. On appelle les premières *feuilles pétiolées*, et les secondes *feuilles sessiles*. Elles restent attachées à la tige et aux branches jusqu'aux premiers froids de l'hiver ; alors elles tombent, à moins qu'elles ne soient *vivaces*, et elles rendent, avec usure, à la terre les sucs qu'elles en avaient reçus pour se produire et s'étendre ; cette chute se nomme effeuillaison. Dans les arbres qu'on nomme *toujours verts*, les feuilles périssent en tout temps.

C'est sur le disque que l'on peut observer l'arrangement des nervures et toutes les subtiles ramifications, *veines*, *veinules*, dont une substance pulpeuse, appelée *parenchyme*, remplit les intervalles (fig. 6). Le bord de la feuille opposé au pétiole se nomme *sommet*, on appelle *côtés* les deux extrémités latérales ; les deux faces de la feuille sont recouvertes d'un épiderme très mince ; la face supérieure est ordinairement lisse et brillante, la face inférieure est mate et moins colorée.

Il y a trois sortes de feuilles : les *simples* (fig. 7), les *composées* (fig. 8), et les *composées articulées*. La feuille simple est formée d'une seule expansion ; le pétiole n'a point de division sensible. La feuille composée est un assemblage de petites feuilles ou folioles fixées au sommet ou sur les parties latérales d'un même pétiole par un pétiole particulier ; lorsque ces folioles sont douées de certains mouvements, comme dans la sensitive, on dit que la feuille est articulée.

Le vert est la couleur ordinaire des feuilles ; mais la nuance en est infiniment variée, depuis le vert tendre jusqu'au vert brun et presque noir ; quelques plantes portent pourtant des feuilles rouges, jaunes ou panachées ; mais alors on peut les considérer comme n'étant point dans leur état normal. La lumière est le principe de la coloration des feuilles, ainsi que l'on peut s'en convaincre en faisant germer des graines dans une cave : si l'on éclaire quelques-unes des jeunes plantes qui se produiront au moyen de lampes et de miroirs à réflexion, les feuilles qui recevront les rayons lumineux se coloreront en vert ; celles qui seront demeurées dans l'obscurité seront blanchâtres.

L'irritabilité des feuilles, leur sommeil, leur réveil, sont des phénomènes qui ne peuvent manquer d'attirer vivement l'attention ; ils sont extrêmement remarquables dans la Sensitive, qui se contracte rapidement, et en même temps toutes ses feuilles, pour se soustraire au contact des corps étrangers. L'Attrape-mouche, plante de l'Amérique septentrionale, exécute un mouvement non moins remarquable : chacune de ses feuilles est divisée, à son sommet, en deux lobes réunis par une charnière le long de la nervure médiane. Qu'un insecte, attiré par la liqueur dont elles sont enduites, vienne se placer sur un de ces lobes, ils se rapprochent aussitôt, et retiennent l'insecte prisonnier. Les feuilles du *sainfoin oscillant*, plante du Bengale, sont doués de mouvements plus extraordinaires encore. Ces feuilles se composent de trois folioles attachées sur un pétiole commun. La foliole terminale est très grande, les deux autres sont très petites. Ces dernières exécutent un mouvement continuel de torsion, et décrivent continuellement un arc de cercle. Ce mouvement continue même, alors que l'on a détaché la feuille de la tige, ce qui prouve qu'il appartient à la feuille, et est tout à fait indépendant de la plante mère. Que la grande foliole soit agitée par une cause quelconque, aussitôt le mouvement des deux petites cesse.

On doit l'observation de ce phénomène à Linné, qui lui donna le nom de sommeil des plantes. Quelques naturalistes en ont cherché la cause dans l'absence de la lumière, et ils sont parvenus à changer les heures de sommeil de la Sensitive en l'éclairant artificiellement ; mais, pour que cette expérience fût concluante, il faudrait qu'elle eût le même résultat sur beaucoup d'autres végétaux, et il a été impossible de l'obtenir sur le plus grand nombre.

Ainsi, les plantes sentent; elles dorment, elles se meuvent; chez quelques-unes se manifeste un sentiment de crainte : qui oserait dire que tout cela ne soit que purement mécanique ? Le mouvement de locomotion qui leur manque n'empêche pas qu'elles tiennent dans la création une place bien supérieure à celle occupée par un grand nombre d'individus du règne animal.

Le sommeil des plantes se manifeste de quatre manières, dans celles dont les feuilles sont simples : 1° les feuilles s'appliquent face à face, comme dans l'Arroche des jardins ; 2° elles enveloppent la tige, comme dans l'Onagre molle, pour protéger les boutons et les fleurs ; 3° étendues horizontalement pendant le jour, elles se roulent en cornet, et renferment les jeunes pousses, comme la Mauve du Pérou ; 4° elles se penchent vers la terre et forment une espèce de voûte au-dessus des fleurs inférieures, comme la Balsamine.

Les feuilles composées affectent six positions différentes, dans les heures de sommeil : 1° elles viennent se placer l'une contre l'autre, comme les feuilles d'un livre : telles sont celles du Pois de senteur, du Baguenaudier ; 2° en s'écartant à leur partie moyenne, elles forment un petit pavillon au-dessus des fleurs, comme le Lotier pied-d'oiseau, le Trèfle ; 3° elles sont réunies à la base et séparées à leur sommet, comme dans le Mélilot commun ; 4° les folioles se courbent pour couvrir les bourgeons, comme dans le Lupin blanc; 5° elles s'abaissent en tournant sur elles-mêmes, tandis que le pétiole commun s'élève, et elles s'appliquent ensuite, l'une sur l'autre, par leur face supérieure, bien qu'elles pendent vers la terre, comme dans les casses, et ce retournement est d'autant plus remarquable que si l'on voulait l'opérer artificiellement, pendant le jour, on ne pourrait y parvenir sans briser les vaisseaux des pétioles particuliers; 6° enfin, elles recouvrent entièrement le pétiole commun à la manière des tuiles d'un toit, comme la Sensitive. Que d'admirables choses! et à quoi bon chercher au loin des émotions quand, à chaque pas, tant de merveilles s'offrent aux regards de qui veut les voir!

STIPULES, VRILLES, GRIFFES, SUÇOIRS, ÉPINES, AIGUILLONS, POILS, GLANDES. — Indépendamment des organes principaux, un grand nombre de végétaux sont pourvus d'organes accessoires, que Linné désignait sous le nom générique de *fulcra*. Les uns, tels que les *aiguillons* (fig. 9), les *épines* (fig. 10), ne sont en quelque sorte, pour certaines plantes, que des armes défensives; d'autres, comme les *poils* (fig. 11) et les *glandes*, sont chargés de fonctions sécrétoires, et quelques-uns, comme les *vrilles* (fig. 12), servent d'auxiliaires aux végétaux, qui sont armés, pour les aider à quitter le sol sur lequel la faiblesse de leurs tiges semblait les avoir condamnés à ramper.

Le pétiole est parfois accompagné de deux petites feuilles qui diffèrent tout à fait de la forme des autres : ce sont les *stipules ;* si on les rencontre à la base d'une fleur, elles prennent le nom de *bractées.* Leurs fonctions consistent à protéger les feuilles ; elles les enveloppent dans la jeune pousse, elles les accompagnent dans leur développement, et périssent dès qu'elles sont devenues inutiles.

Les *griffes* sont des espèces de racines, par lesquelles, certaines plantes s'accrochent à d'autres végétaux ou aux corps environnants. Lorsque ces griffes, indépendamment du soutien qu'elles prêtent aux plantes, leur procurent les aliments nécessaires à leur nourriture, on les nomme *suçoirs.*

FLEURS. — Les fleurs sont des organes destinés à accomplir le grand œuvre de la reproduction : couleurs séduisantes, parfums suaves, élégance dans les contours, délicatesse dans le tissu, grâces dans le développement et le port, tous ces attributs, prodigués aux fleurs, même les plus communes, font, du temps de la floraison, un moment de parure, de triomphe, et l'époque la plus brillante, la plus éclatante de leur vie. L'enfance est passée, nous touchons au temps de la jeunesse et de la beauté.

La fleur se compose de quatre parties principales : le *calice* (fig. 13), la *corolle* (fig. 14), les *étamines* (fig. 15), et les *pistils* (fig. 16) ; on appelle fleur *complète* celle qui possède ces quatre

9.

parties, et fleur *incomplète* celle à laquelle il en manque une ou plusieurs. Les fleurs peuvent se composer simplement d'étamines et de pistils réunis sur le même support, ou placés sur la même plante, dans des fleurs distinctes, ou situés sur des individus séparés, ce qui forme les fleurs *hermaphrodites, monoïques* et *dioïques*. Ces deux derniers genres sont également compris sous la dénomination de *déclives* ou d'*unisexuelles*.

Le diamètre des fleurs est très variable : quelques-unes sont si petites qu'elles échappent à la vue; d'autres, comme l'Aristoloche d'Amérique, par exemple, ont quelquefois au delà d'un mètre de circonférence. Leur durée, variable aussi, est également très courte : nées pour accomplir les fonctions de la reproduction, bientôt elles perdent leur éclat, leurs formes s'altèrent, les grâces s'envolent, la jeunesse s'éteint et la maturité commence.

Les fleurs sont sessiles ou pédonculées : elles sont sessiles, lorsqu'elles sont posées sur la tige sans intermédiaire; elles sont pédonculées, lorsqu'elles sont soutenues par un support plus ou moins étendu qu'on nomme pédoncule; c'est le plus grand nombre. C'est au sommet du pédoncule, qui va s'élargissant, que paraissent les parties de la fructification. Les formes de cet organe sont très variées : il est droit ou incliné, parfois il se roule en spirale; il peut être simple ou composé de plusieurs parties que l'on nomme pédicelles. Lorsqu'il part immédiatement de la racine, on le nomme *hampe*. La partie qui soutient les fleurs sessiles ou pédonculées s'appelle *axe*.

INFLORESCENCE

L'arrangement, la disposition générale des fleurs sur la tige ou les autres organes qui les supportent se nomment inflorescence. Les fleurs sont toujours placées à l'aisselle d'une feuille, mais elles affectent diverses dispositions : les unes sont solitaires, les autres sont réunies plusieurs ensemble. C'est ce qui constitue l'*inflorescence simple* et l'*inflorescence composée*, lesquelles se subdivisent en inflorescences qui ont reçu des noms particuliers, tels que ceux de *panicule, thyrse, grappe, épi, spadice, verticille, ombelle, corympe, cyme, capitule.* L'inflorescence est panicule lorsque l'axe commun se ramifie, et que ses divisions secondaires sont allongées et laissent, entre elles, une certaine distance, comme dans les graminées (fig. 17). Le thyrse est une sorte de grappe, dont l'axe est très allongé et dont les rameaux forment de petites cimes. Lorsque le pédoncule commun se ramifie plusieurs fois et régulièrement, l'inflorescence prend le nom de grappe, comme dans le marronnier d'Inde (fig. 18). Lorsque les fleurs sont disposées sur un axe commun, simple, non ramifié, elles forment l'épi, comme le blé, l'orge, le plantin (fig. 19). Dans l'inflorescence spadice, le pédoncule commun est couvert de fleurs sans calice. L'inflorescence est verticille lorsque les fleurs naissent à l'aisselle des feuilles, et forment une espèce d'anneau autour de la tige. Les fleurs sont en ombelle lorsque tous les pédoncules étant égaux, l'ensemble des fleurs présente une surface bombée, telle est la carotte (fig. 20). Dans le mode d'inflorescence appelé corymbe, l'axe central forme une inflorescence terminée et les rameaux latéraux des inflorescences indéfinies, comme dans la Millefeuille (fig. 21). Lorsque la fleur terminale est environnée de trois bractées ou plus, et que chaque rameau peut offrir un développement égal au précédent, on nomme cette inflorescence cyme ; cette inflorescence est celle de la Centaurée (fig. 22). Enfin, on donne le nom de capitule à l'inflorescence qui est particulière aux plantes de la famille des cynanthérées : tels sont le chardon, l'artichaut (fig. 23).

L'inflorescence, en général, peut encore être modifiée par des influences diverses, tels que certains modes de culture : de là résultent les fleurs *doubles*, *pleines* et *polifères*. La culture est aux fleurs ce que l'éducation est aux jeunes filles ; elle augmente leur beauté en les douant de grâces particulières, en les préservant de mille dangers, en leur conservant le plus longtemps possible tout leur éclat.

Dans les fleurs doubles, le nombre des pé-

tales est plus considérable que celui que leur
avait primitivement donné la nature. Les fleurs
pleines sont entièrement formées de pétales.
Les fleurs polifères sont celles du centre desquelles naît une seconde fleur semblable à la
première. Tout cela est dû à l'art de l'horticulture, et, pour quelques amateurs sévères, ces
fleurs devenues si belles ne sont que des êtres
monstrueux. C'est là une ridicule exagération,
condamnée par la sagesse des nations qui a for-
mulé ce proverbe :

Et toujours la parure embellit la beauté.

Cela n'est pas très grammatical, mais cela est
vrai.

CALICE. — Nous avons vu plus haut que la
fleur se compose de quatre parties principales;
examinons maintenant chacune de ces parties.

Le calice peut être considéré comme le pro-
tecteur de la fleur; il se compose d'une espèce
d'épanouissement de l'écorce à l'extrémité du
pédoncule. La couleur est toujours verte, à peu
d'exceptions près. Ainsi elle devient jaune dans
la Capucine, et rouge dans la Grenade, mais toujours elle est verte d'abord. Quelquefois il est
d'une seule pièce, et quelquefois il est composé
de plusieurs qui affectent la forme de petites
écailles, comme dans l'Œillet. Le plus ordinairement il est de forme cylindrique. Lorsqu'il
ne renferme qu'une seule fleur, on le nomme

calice *propre*, et calice *commun* lorsqu'il en renferme plusieurs ; il est *simple* quand il ne forme qu'une seule enveloppe ; *double* quand il se compose de plusieurs.

Nous éviterons ici, comme précédemment, les termes scientifiques qui n'ajoutent rien à la connaissance des choses, et qui n'auraient d'autre résultat que de faire grimacer de jolies bouches. Qu'importe, en effet, que l'on sache que les savants nomment *monophylle* le calice qui se compose d'une seule pièce, et *polyphylle* celui qui en a plusieurs ? Qu'importent les *supères*, les *infères*, les *embriqués*, les *caliculés*, etc., qui n'indiquent que des modifications insignifiantes ?

Le calice a beaucoup d'analogie avec la feuille, non-seulement par sa forme, mais encore par sa contexture et les fonctions qu'il remplit. On y remarque des nervures, des trachées, etc., absolument comme dans la feuille, et dans quelques fleurs même, le calice se transforme en véritables feuilles ; enfin, comme les feuilles, il absorbe et exhale certains fluides.

COROLLE. — C'est la corolle qui continue la beauté de la fleur : grâce, coloris, parfum, tout lui est réservé. Comme le calice, elle peut être formée d'une seule ou de plusieurs pièces ; c'est ce qui a fait croire à plusieurs botanistes qu'elle n'était qu'une modification du calice ; plusieurs ont même confondu le calice et la corolle, grossière erreur, relevée à bon droit par les savants naturalistes dignes de ce nom.

Chacune des pièces qui composent la corolle se nomme pétale; on dit qu'elle est *monopétale* quand elle est formée d'un seul pétale ou *polypétale* quand elle se compose de plusieurs. On appelle *onglet* la partie par laquelle le pétale tient à la fleur, et *lame* sa partie supérieure. De la base au sommet, elle forme le tube, divisé en deux parties : l'*orifice*, qui est la partie supérieure, et le *limbe*, qui comprend toute la partie dilatée.

Hélas! il est bien douloureux de l'avouer, mais l'analyse de cette charmante chose, la *corolle*, que la nature a si richement ornée, est affreusement aride! Nous lisons dans un ouvrage moderne : « Il est bien fâcheux que l'étude des « végétaux nécessite la connaissance d'une « multitude de termes dont l'emploi doit « souvent précéder la définition. » Oh! oui, cela est fâcheux, cela est déplorable! mais Dieu a voulu qu'il n'y ait pas, sur cette terre périssable, de joie, de plaisir sans mélange... Encore quelques pas dans ce sentier épineux! S'il faut souffrir un peu pour être belles, comme on le dit communément, c'est aussi la condition expresse pour être... non pas savantes, mesdames, mais instruites, ce qui est bien différent! Donc, nous reprenons courage, n'est-ce pas? et nous n'aurons pas une trop grande peur des vilains mots, c'est convenu. Ainsi, j'oserai vous dire

qu'il y a six espèces de corolles régulières,
savoir :

La *campanulée*, qui se dilate vers sa base et
s'évase en forme de cloches. Exemple : le Liseron
des champs (fig. 24) ;

L'*infundibuliforme*, qui ressemble quelque
peu à un entonnoir ;

L'*hypocratériforme*, qui a le tube court, la
fleur plane, comme le Phlox (fig. 25) ;

La *corolle en roue*, dont le tube se voit à peine
et qui est dentelée ;

La *tubulée*, dont le tube est allongé et peu
ouvert à son orifice ;

L'*urcéolée*, dont le tube est plus resserré à
son orifice que dans ses autres parties.

Les corolles monopétales irrégulières les
plus remarquables sont les *labiées* et les
personnées; les premières offrent deux divisions inégales et ouvertes qu'on nomme *lèvres*,
et qui sont placées l'une au-dessous de l'autre.
Dans les *personnées*, les deux lèvres sont
rapprochées, forment une proéminence.

Cette diversité de formes dans les corolles
monopétales se reproduit dans les polypétales,
dont les régulières comprennent : les *rosacées*,
les *caryophyllées*, et les *cruciformes*. Les irrégulières sont nommées *papillonacées*, à cause
de leur ressemblance avec le papillon.

Viennent ensuite la corolle *ligulée* et la corolle
tubuleuse, qui appartiennent aux fleurs composées, et qui, en se combinant, forment les

floculeuses, les *semi-floculeuses* et les *radiées*.

Certains produits, minces et colorés, se trouvent quelquefois entre la corolle et les étamines, auxquels Linné a donné le nom de *nectaires*, à cause du liquide visqueux et sucré qu'ils sécrètent.

Non-seulement la corolle, ainsi que nous l'avons dit, est presque toujours parée des plus riches couleurs, mais il arrive souvent qu'elle en change : il y a même des corolles coquettes qui changent jusqu'à trois fois de parure en un jour ; telle est celle du *gladiolus venicolor :* le matin, sa couleur est brune, c'est un négligé qu'elle quitte bientôt ; à midi, elle revêt une fraîche robe verte, et, vers la fin du jour, elle étale avec complaisance sa parure d'un admirable bleu clair...

En vérité, je vous le dis, au risque de paraître trivial à force d'être vrai, jamais il n'y eut, il n'y aura jamais plus d'analogie entre deux choses diverses qu'il n'en existe entre les femmes et les fleurs. Il est vrai que ces dernières sont muettes ; mais nous ne disons pas *heureusement*.

Indépendamment des riches couleurs qui la parent, la corolle a encore l'avantage d'être un foyer d'émanations délicieuses. Cela est vrai comme règle, mais nous devons avouer qu'elle souffre d'assez nombreuses exceptions : d'abord, il est une assez grande quantité de fleurs qui ne sentent absolument rien, et de ce nombre sont quelques-unes des plus riches en parure, comme les dahlias, les camélias ; il en est, en outre, dont l'odeur est insupportable, comme certaine espèce de Géranium, l'Arum dracunculus, etc.

ÉTAMINES, PISTILS. — Les étamines et les pistils sont les organes de la fructification ; c'est par eux que s'accomplit le grand, l'inexplicable mystère de la reproduction des plantes : privée de ces organes essentiels, la fleur est stérile. D'une partie de l'étamine, nommée *anthère*, s'échappe, dans un temps propice, une poussière fécondante nommée *pollen;* ce sont de petits corps jaunes, blancs, rouges ou violets, qui se répandent sur le ou les pistils, et dès lors la plante est fécondée.

Ce grand secret de la fécondation des plantes a été découvert par Linné. Nous avons déjà montré que les plantes sentent ; Linné dit qu'elles aiment, et il le prouve, l'audacieux ! Nous le répétons, les savants sont capables de tout !

FRUCTIFICATION

C'est alors que commence cette maturité dont nous avons parlé plus haut : les pistils et étamines se flétrissent, les pétales tombent, le fruit se montre soutenu par le calice, ce père nourricier dont la tâche n'est pas encore entièrement remplie.

FRUIT. — Le fruit se compose toujours de

deux parties principales : le péricarpe et la graine.

Le péricarpe est une enveloppe parfois sèche ou membraneuse, le plus souvent épaisse et charnue, laquelle contient, dans son intérieur, une ou plusieurs graines.

Le péricarpe est quelquefois si ténu et semble si bien identifié avec la graine, qu'on ne l'en distingue que difficilement ; aussi quelques auteurs ont-ils émis l'opinion que, dans certains fruits, le péricarpe n'existait pas ; mais c'est une erreur aujourd'hui bien reconnue : le péricarpe existe constamment, et il est toujours composé de trois parties, savoir : une membrane extérieure ou épiderme, nommée *épicarpe* ; une substance charnue (*sarcocarpe*), et une membrane intérieure (*endocarpe*)... N'avions-nous donc pas trois fois raison en disant, au commencement de ce traité, que les savants sont des suppôts de tyrannie ! Nous leur accordons l'*épicarpe*, le *sarcocarpe*, l'*endocarpe* ; nous convenons avec eux que, arrivés à l'époque de leur maturité, les péricarpes ont la complaisance de s'ouvrir pour livrer passage aux graines ; nous voulons même bien que ces complaisants péricarpes se nomment *déhiscents*, et toujours animés du même esprit de paix, nous convenons volontiers qu'ils sont bien plus estimables que les péricarpes *indéhiscents*, qui ne laissent échapper les graines que lorsqu'ils tombent en pourriture. Alors nous croyons en avoir fini sur ce point... Hélas ! les savants commencent et ne finissent jamais : pour eux, il y a toujours quelque chose de nouveau sous le soleil... Et les *valves*, s'il vous plaît?... et les *cloisons*, et les *loges*, et la *suture ?* Nous nous bornerons à dire que ces quatre derniers noms représentent des choses destinées à retenir les graines prisonnières jusqu'à ce que l'heure de la liberté ait sonné pour elles.

Les fruits se présentent sous douze formes principales que l'on divise en deux grandes classes : les fruits à péricarpes secs, qui sont au nombre de neuf, et les fruits à péricarpes charnus, divisés en quatre espèces.

Dans les péricarpes secs, le plus commun est la *capsule*, dont la boîte est d'une forme et d'une capacité très variables ; elle est elliptique, ou orbiculaire, ou en croissant, ou bien elle offre la forme d'une silique, comme la grande Chélidoine (fig. 26).

Le péricarpe appelé *follicule* se compose ordinairement de deux follicules dressés ou divergents, fusiformes ou cylindriques; les semences sont contenues dans le follicule, et le plus souvent enveloppées d'une substance cotonneuse (fig. 27).

Le péricarpe appelé la *samare* est une espèce de capsule membraneuse, plus ou moins comprimée, divisée en une ou deux loges.

Le *légume* ou *gousse* est un fruit membraneux

à deux valves qu'on nomme cosses, réunies par deux sutures opposées ; les graines sont attachées le long de la suture inférieure, et placées alternativement sur l'une et l'autre *valve* ou *cosse,* ainsi que cela se voit dans le pois, la vesce (fig. 28).

La *silique* ne diffère de la *gousse* que par une cloison longitudinale qui divise les deux valves.

Le *cône* est composé d'écailles ligneuses, comme la pomme de pin (fig. 29).

La *nucule* ou *noisette* est un péricarpe osseux qui ne contient qu'une graine et ne s'ouvre pas.

La *cariopse* est un fruit sec à une seule graine, dont le péricarpe est tellement adhérent à la graine proprement dite, qu'il ne peut s'en emparer que par l'opération du blutage, comme pour le blé, le seigle, etc.

Le péricarpe nommé *achaine* est un peu moins adhérent à la graine que le précédent. Il est simple ou composé.

Voyons maintenant les péricarpes des fruits charnus ; ils sont, comme nous l'avons dit, au nombre de quatre : la *baie,* le *drupe,* la *pomme* et le *pépon.*

La *baie* ne s'ouvre point naturellement à la maturité ; elle renferme une ou plusieurs semences, et ses graines et ses loges sont disposées dans un ordre apparent, comme dans la groseille, le raisin (fig. 30).

Le *drupe* est un péricarpe charnu, composé de deux substances de différente nature : l'une extérieure, charnue, pulpeuse; l'autre intérieure, ligneuse, comme dans les pêches, cerises, noix, marrons (fig. 31).

La *pomme* est un péricarpe charnu, couronné par le limbe du calice, partagé en plusieurs loges dont la paroi interne est cartilagineuse. Exemple : la pomme d'api (fig. 32 et 33).

Le *pépon* est un fruit charnu, régulier, qui fait corps avec le calice et renferme plusieurs graines. Ce fruit est particulier à la famille des cucurbitacées (fig. 34 et 35).

Le volume des fruits est souvent bien disproportionné avec celui des végétaux qui les produisent: ainsi la courge, plante rampante et herbacée, porte des fruits énormes, et le chêne n'en a que de très petits. Les physiologistes cherchent vainement la raison de cette anomalie; nous leur conseillons de consulter La Fontaine, fable IV, livre IX.

Et pourtant, nous osons affirmer que La Fontaine avait très peu étudié les péricarpes; il était certainement moins savant, sur ce point, que M. de Jussieu; mais, d'un autre côté, les fables de M. de Jussieu sont beaucoup moins amusantes que celles de La Fontaine. Évidemment, il n'y a pas compensation.

HABITATION DES VÉGÉTAUX

Les climats divers ne conviennent point indistinctement aux végétaux. Il faut, presque à chaque plante, un terrain particulier, une atmosphère différente. Les unes ne se plaisent que dans les champs incultes, tandis que d'autres ne peuvent germer que dans des terres cultivées. Plusieurs naissent dans les sables ; un certain nombre se plaisent sur les rochers. Il en est qui ne peuvent vivre qu'au fond des marais d'où elles s'étendent à la surface des eaux. Enfin, la mer a aussi sa végétation, végétation luxuriante, qui ne le cède en puissance à aucun des terrains les plus favorisés.

Il n'est presque aucune portion de la terre où la végétation ne puisse s'établir ; mais elle présente des différences immenses entre les contrées équatoriales, les régions tempérées et les régions polaires. C'est entre les tropiques qu'elle se montre dans toute sa puissance et sa majesté ; c'est là qu'on trouve le baobab, ce colosse du règne végétal, dont le tronc, ainsi que nous l'avons dit, atteint quelquefois jusqu'à trente mètres de circonférence ; c'est là que vit et se multiplie cette admirable famille de palmiers avec lesquels nos plus beaux arbres ne sauraient soutenir la comparaison. Dans ces contrées, les graminées deviennent arborescentes ; les fougères s'élèvent jusqu'à huit ou neuf mètres : c'est la patrie des fruits les plus exquis, des parfums les plus suaves. C'est surtout dans les régions équatoriales, comme aux bords du Gange, où la température, constamment humide et chaude, est entretenue par les feux du soleil et le débordement des grands fleuves, que la végétation montre une vigueur prodigieuse.

Mais cette exubérance de vie, qui augmente la puissance des forts, tuerait les faibles. Que l'on transporte sous ce ciel de feu une frêle et légère Parisienne, elle s'étiolera promptement, et rien ne pourra la sauver d'une prompte destruction... C'est toujours cette éternelle comparaison entre les deux règnes, comparaison née de ce que d'une seule, unique et admirable chose sortie de la main de Dieu, notre orgueil a voulu faire trois choses distinctes. Qui donc, en effet, pourrait dire, avec précision, où finit l'un des trois règnes et où commence l'autre ?

L'histoire naturelle est une immense chaîne à laquelle il ne manque pas un anneau, et c'est en vain que les princes de la science y ont cherché une solution de continuité. Il y a, sur les confins du règne minéral, des individus qui végètent, et sur les confins du règne végétal des individus qui vivent...

L'extrême chaleur, sans humidité, n'est pas favorable à la végétation. Aussi, quelle différence entre les contrées dont nous venons de parler et les déserts sableux de l'Afrique, desséchés par les ardeurs brûlantes du soleil, où l'homme, en y entrant, semble se dévouer à la mort ! Là, de quelque côté qu'on jette les yeux, on n'aperçoit que des images de destruction et de néant.

L'excessive chaleur n'est pourtant pas un

obstacle à toute végétation ; il est des plantes qui résistent à quatre-vingts et même cent degrés de chaleur (température de l'eau bouillante). Aux eaux thermales de Dax, on a vu croître et se développer une Tremella, dans une fontaine dont l'eau est constamment chaude de soixante-dix à soixante-douze degrés.

Si la végétation des pays tempérés n'a pas cette beauté, cette magnificence des plantes des tropiques, elle ne leur céde en rien pour la grâce des formes et l'abondance des produits. Le Nord lui-même n'est pas déshérité sous ce rapport ; c'est là que les robustes pins et sapins élèvent, vers les nues, leurs troncs vigoureux. Mais, au-dessus de deux mille mètres d'élévation, on ne les trouve plus ; ils sont remplacés par les aliziers, les bouleaux, qui bravent un froid de quarante degrés, froid capable de faire éclater les sapins les plus vigoureux.

Ce dernier phénomène a été souvent remarqué par nos soldats, pendant la désastreuse campagne de Russie ; alors que ces malheureux s'asseyaient sur la neige, pour y prendre quelque repos, il arrivait que de violentes explosions se faisaient entendre autour d'eux : « Encore l'ennemi ! se disaient-ils ; toujours, toujours sur nos pas ! Un ciel de fer sur nos têtes, et devant nous des déserts de glace sans horizon ! » Ils reprenaient leurs armes avec désespoir et marchaient vers le lieu d'où l'explosion s'était fait entendre, et ils ne trouvaient rien, rien que des arbres que l'intensité du froid avait fait éclater avec un bruit semblable à celui du canon.

Plus on se rapproche des pôles, plus le nombre des végétaux diminue; au Spitzberg, au Groënland, au Kamtschatka, le nombre des espèces ne dépasse pas trente.

De même qu'elle se montre sur les plus hautes montagnes, la végétation pénètre aux plus grandes profondeurs, dans les entrailles de la terre, dans les cavernes, dans les mines les plus profondes; mais, à ces deux extrémités, il n'y a que des champignons et des lichens.

On trouve sur une haute montagne, en la parcourant de sa base à son sommet, à peu près tous les changements de végétation que l'on pourrait observer en voyageant de l'équateur, au pôle nord. Au pied de la montagne végètent les plantes des plaines et des contrées méridionales de l'Europe. Les chênes occupent le premier plan; cinq ou six cents pieds au-dessus sont les hêtres; plus haut, les ifs, pins et sapins; puis viennent les aliziers, les bouleaux, les rhododendrons? plus haut encore, on trouve les daphnés, les globulaires, les cistes ligneux. Dans la région des glaces se montrent les saxifrages, les primevères; puis enfin les lichens.

La végétation qui n'existe que faiblement dans un lieu peut y devenir abondante et rigoureuse; tout se modifie, tout change : les marais se dessèchent, les rochers que nous voyons nus et arides porteront peut-être, quelque jour, des

arbres majestueux. Dans les marais, la surface
des eaux se couvre d'abord d'une écume verdâtre; ce sont des conferves, frêles plantes auxquelles succèdent des carex, des roseaux, des
typhas, puis viennent les sphaignes, qui se
multiplient d'une manière prodigieuse. A mesure
que ces plantes végètent, leur détritus exhausse
le fond du marais, qui finit par se dessécher
entièrement. Il en est de même des rochers :
des lichens crustacés viennent d'abord membrer
leur surface; de leur décomposition naissent
des lichens d'un autre ordre sur le détritus desquels paraissent plus tard des graminées; puis,
enfin, la terre végétale augmentant sans cesse,
les végétaux ligneux se montrent.

Ainsi que nous venons de le voir, il est, dans
les végétaux, des familles particulières à certaines contrées; une seule famille, les céréales,
peut s'habituer à tous les climats; œuvre admirable de la Providence, qui, en donnant la terre
à l'homme, a voulu qu'il pût trouver à chaque
pas une preuve dans sa paternelle sollicitude!

MALADIES, MORT ET DÉCOMPOSITION
DES VÉGÉTAUX

Les maladies des végétaux peuvent être divisées en deux classes : celles qui n'affectent
qu'une partie du végétal, comme les ulcères,
les excroissances qui résultent presque toujours

de blessures, et les maladies générales qui envahissent toute la plante.

Les plaies faites par un instrument tranchant se guérisent plus facilement que celles faites par un instrument contondant. Lorsqu'une portion d'écorce a été enlevée à un arbre, la cicatrisation s'opère par l'extention des bords de l'écorce qui se rapprochent en bourrelets.

Les plaies contuses doivent être enlevées par le fer, afin que les lèvres en soient nettes sans quoi elles donneraient lieu à des exostoses, des tumeurs, qui deviendraient incurables.

Lorsque les blessures ont pénétré jusqu'au cœur du tronc, il s'ensuit un écoulement sanieux qui détermine promptement l'ulcère, la carie, la mort. Ces plaies ne sont pourtant pas absolument incurables, et l'on parvient quelquefois à les faire disparaître par le fer ou par le feu.

De toutes les maladies générales, la mieux caractérisée est l'*étiolement*, qui a pour cause ordinaire la privation de la lumière. Les plantes atteintes de cette maladie sont faibles, grêles, blafardes. Pour la guérir, il suffit, lorsque le mal n'est pas trop avancé, de rendre la lumière à la plante qui en est atteinte; mais cela ne doit se faire que graduellement : le passage trop brusque, d'un état à un autre, serait plus nuisible qu'efficace.

La *panachure*, la *jaunisse*, qui atteignent un grand nombre de végétaux, sont presque toujours causées par l'abondance de la sève et l'extravasation des sucs.

Le froid exerce une grande influence sur les plantes. Dilatés par la congélation des liquides, les vaisseaux, les tissus cellulaires se déchirent, et le végétal meurt. Lorsque le déchirement se fait du centre à la circonférence, il se nomme *cadron;* s'il s'opère en séparant l'une de l'autre les couches ligneuses, il s'appelle *roulure;* si le froid détruit seulement la couche du liber, on nomme la maladie qui en résulte *gelivure.*

Les pêchers et les abricotiers ont quelquefois leurs feuilles couvertes d'une substance blanchâtre, mielleuse; c'est le résultat d'une maladie nommée *meurier* ou *blanc mielleux.* On opère la guérison de l'arbre qui en est attaqué en enlevant les feuilles qui ne sont point dans leur état normal, et changeant la terre au pied de l'arbre.

Les plantes parasites et certains insectes sont très souvent une cause de maladie pour les plantes.

Les céréales sont sujettes à plusieurs maladies qui leur sont particulières : le froment peut être atteint de la *carie* du *charbon,* de la *rouille.* La carie attaque l'intérieur du grain; l'écorce en est sèche, et en la rompant, on trouve, à l'intérieur, une poussière fine, noire et fétide.

Une espèce de champignon microscopique, nommé *uredo segetum,* réduit les semences en une poussière d'un brun verdâtre; c'est la ma-

10.

ladie nommée *charbon.* Un autre champignon microscopique, l'*uredo linearis*, donne naissance à la *rouille.* Le seul préservatif contre les diverses maladies des céréales consiste à secouer les plantes au moyen d'une corde tendue, que deux hommes, séparés par le champ, promènent sur toute sa superficie. Cette opération suffit pour détruire, au moins en grande partie, les germes de ces maladies.

La *cloque* ou *roulure* des feuilles provient de la piqûre d'insectes : les *bédéguars*, pelotes filamenteuses qui se trouvent sur les rosiers, les *galles arrondies* des chênes, la *loque*, la *cochenille*, n'ont pas d'autre cause.

Après avoir langui pendant un temps, la vie s'éteint entièrement dans le végétal ; il devient la proie de tous les agents extérieurs, qui le décomposent entièrement.

Les arbres meurent ordinairement par portions; le plus souvent la mort commence par le sommet; on dit alors que l'arbre est couronné. La racine subit la même altération, dans le même temps, à son extrémité. L'arbre qui est dans cet état peut vivre encore longtemps, mais il ne croît plus.

La décomposition des plantes est un des phénomènes les plus intéressants de la nature ; elle présente des différences selon qu'elle s'opère dans le feu, à l'air libre ou dans l'eau.

L'analyse du végétal, par le feu, y démontre la présence de la lumière et du calorique, qui se

dégagent entraînant avec eux des matières salines, huileuses; dans cet état, ils constituent
la fumée; mais si on les condense dans un tuyau
étroit, ils déposent, le long des parois, une partie des matières qu'ils enlevaient; celles-ci
forment la suie, qui contient une huile empy-
rameutique, du carbone, du fer. Il reste une
masse assez considérable qu'on appelle *cendres*,
et qui est une des bases de la terre végétale.

Les plantes, exposées à l'air libre, se décomposent rapidement; l'eau et l'air qu'elles contiennent déterminent la fermentation, et, par suite,
le dégagement des fluides gazeux. Les parties
non volatiles, principalement composées de
matières salines, forment le *terreau* substance
très variable.

Lorsque la décomposition des plantes s'opère
dans l'eau, les résultats ne sont plus les mêmes;
on obtient alors les produits auxquels on donne
le nom de *tourbes*: les tourbes des marais,
presque entièrement formées de jeunes plantes
herbacées, mêlées à une certaine quantité de
limon, et les tourbes ligneuses, qui constituent
la *houille* ou *charbon de terre*. Ces dernières
sont formées par des masses d'arbres dont plusieurs sont quelquefois assez bien conservées
pour qu'on puisse en déterminer l'espèce. Dans
la production des tourbes, l'eau est le principal
et peut être le seul agent de la décomposition
des plantes, qui sont garanties par ce fluide du
contact immédiat de l'air et du soleil.

Ici se termine l'histoire physiologiste des plantes ; nous avons vu comment elles naissent, s'accroissent, vivent, se reproduisent, meurent et se décomposent ; nous les avons vues se mouvoir, veiller, dormir, sentir, aimer, souffrir. Il nous reste à peindre les mœurs de chaque tribu, de chaque famille, leurs goûts, leurs usages, leurs lois ; ce sera l'objet de notre seconde partie.

La *Mauve*.

—

MÉTHODES-FAMILLES

———

Dieu seul sait quel est le nombre des espèces des plantes qui couvrent notre globe ; quant à nous, chétifs, nous n'en connaissons qu'un peu plus de vingt mille. Il est vrai que ce nombre augmente tous les jours, et que, les savants aidant, il continuera à augmenter jusqu'à la fin des siècles ; car, je l'ai dit, les savants commencent et ne finissent jamais.

En attendant, vingt mille nous paraît un assez joli chiffre, et s'il nous fallait faire l'histoire de chaque individu, ce ne serait pas trop de l'assistance de trois ou quatre de ces savants, laborieux et patients bénédictins, qui ont enfanté tant d'in-folio, dont l'aspect seul suffit pour jeter la terreur dans l'âme du lecteur le plus intrépide. Heureusement nous avons les méthodes, qui simplifient singulièrement cette tâche immense.

D'abord la botanique fut le patrimoine de

quelques hommes laborieux qui, recueillant le peu de connaissances acquises sur ce sujet, en firent un tout, s'élevant à peine à sept cents espèces, et ils considérèrent ce commencement de science comme une branche de la médecine. Dès les premiers pas, ils sentirent le besoin de classer ces espèces, et ils eurent recours à l'ordre alphabétique. Vint Conrad Gesner, qui conçut l'idée de ranger les plantes par classes, selon les caractères fournis par la fleur et le fruit. A ce dernier succéda Césalpin, médecin du pape Clément VIII, qui tira la botanique du chaos en établissant sa méthode sur l'absence, la présence et le nombre des cotylédons. Plusieurs lui succédèrent jusqu'à Linné, qui fit faire à la science un pas de géant, et divisa les grandes tribus acotylédone, monocotylédone et dicotylédone en vingt-quatre classes. Puis, avant et après beaucoup d'autres, vint de Jussieu, auteur de la méthode dite *naturelle*, que nous avons adoptée.

M. de Jussieu divise les trois tribus en quinze classes, savoir: les plantes cotylédones, une classe, huit familles ;

Les plantes monocotylédones, trois classes, dix-neuf familles ;

Les plantes dicotylédones, onze classes, soixante-dix-sept familles.

En tout, quinze classes et cent quatre familles rangées dans cet ordre :

PLANTES ACOTYLÉDONES

PREMIÈRE CLASSE

ACOTYLÉDONIE

1. Algues.
2. Champignons.

3. Lichénées.
4. Hépatiques.
5. Mousses.
6. Fougères.
7. Cycadées.
8. Rhizospermes.

PLANTES MONOCOTYLÉDONES

DEUXIÈME CLASSE

MONOHYPOGYNIE

9. Naïadées.
10. Aroïdées.
11. Typhacées.

17. Commélinées.
18. Alismacées.
19. Colchicacées.
20. Lilacées.
21. Broméliées.
22. Narcissées.
23. Iridées.

TROISIÈME CLASSE

MONOPÉRIGYNIE

12. Cypéracées.
13. Graminées.
14. Palmiers.
15. Asperagées.
16. Joncées.

QUATRIÈME CLASSE

ÉPISTAMINIE

24. Musacées.
25. Amomées.
26. Orchidées.
27. Hydrocharidées.

PLANTES DYCOTYLÉDONES

CINQUIÈME CLASSE

PÉRISTAMINIE

28. Aristolochiées.

SIXIÈME CLASSE

MONOÉPIGYNIE

29. Éléagnées.

PLANTES DYCOTYLÉDONES

— SUITE —

30. Daphoïdes.
31. Protéacées.
32. Lauroïdées.
33. Polygonées.
34. Atriplicées.

SEPTIÈME CLASSE

HYPOSTAMINIE

35. Amarantées.
36. Plantaginées.
37. Nyctaginée.
38. Plombaginées.

HUITIÈME CLASSE

HYPOCOROLLIE

39. Primulacées.
40. Achantées.
41. Jasminées.
42. Verbénacées.
43. Labiées.
44. Personnées.
45. Solanées.
46. Borraginées.
47. Convolvulacées.
48. Polémoniacées.
49. Bignoniées.
50. Centaniées.
51. Apocynées.
52. Sapotées.

NEUVIÈME CLASSE

PÉRICOLLIE

53. Diospyrées.
54. Rhodoracées.
55. Éricoïdes.
56. Campanulacées.

DIXIÈME CLASSE

SYNANTÉRIE

57. Chicoracées.
58. Cyranocéphales.
59. Corymbifères.

ONZIÈME CLASSE

CORISANTÉRIE

60. Dispacées.
61. Rubiacées.
62. Caprifoliées.

DOUZIÈME CLASSE

ÉPIPÉTALIE

63. Araliées.
64. Ombellifères.

TREIZIÈME CLASSE

HYPOPÉTALIE

65. Renonculacées.

PLANTES DYCOTYLÉDONES

— FIN —

Le nombre des familles a été porté par d'autres auteurs à cent douze, à cent quarante, à cent quatre-vingt-quatre. Ce n'est pas qu'ils aient trouvé de nouvelles familles, mais ils en ont fractionné quelques-unes, et ils ont élevé arbitrairement certains genres à la dignité de familles.

Nous ne voyons pas que cela serve beaucoup à la science. Ne pouvant faire mieux, les derniers venus ont tenté de faire autrement. Il faut bien trouver quelque aliment à cet insatiable amour-propre qui tourmente les faiseurs de livres.

La méthode de M. de Jussieu est évidemment la plus rationnelle de toutes; il n'a fait des plantes acotylédones qu'une seule classe, par la raison qu'elles ne présentent ni fleurs ni fruits. Les monocotylédones sont classées selon que les étamines sont disposées. Les étamines sont nommées épigynes, lorsqu'elles sont attachées sur le pistil; hypogynes, si elles sont placées à la base de l'ovaire, et périgynes, quand elles sont placées sur le calice; ce qui explique les noms donnés aux trois classes des plantes monocotylédones : *monohypogynie*, *monopérigynie* et *monoépigynie*.

Les onze classes de dicotylédones sont établies sur l'absence, la présence de la corolle, et sur le nombre de ses pièces : d'où sont résultées les *dicotylédones apétales*, formant trois classes, d'après le mode d'insertion des étamines ; les *dicotylédones monopétales*, formant quatre classes, suivant que la corolle staminifère est hypogyne, périgyne, épigyne à anthères soudées, épigyne à anthères libres ; les *dicotylédones polypétales*, divisées en trois classes également, d'après leur mode d'insertion. Enfin, la quinzième classe, *diclinie*, est composée de plantes *diclines*, c'est-à-dire irrégulières.

Mon Dieu ! nous savons que cela est peu plaisant, mais nous espérons l'avoir rendu clair, et c'est en vérité tout ce qu'il est humainement possible de faire en pareille matière. Qu'on n'oublie pas, de grâce, qu'il n'est point de plaisir, même parmi les plus petits, qui ne coûte une peine, et que les mots les plus rudes s'adoucissent sur de jolies lèvres. Et puis, nous voici tout à l'heure hors de ces ronces ; nous allons visiter ces nombreuses familles, et là, nous attendent les anecdotes de toute nature, les révélations, les épisodes gaies ou terribles, etc.

PREMIÈRE CLASSE

ACOTYLÉDONIE

La famille des *algues*, la première de cette classe, est placée sur la dernière limite du règne végétal. Ce sont d'abord les *conferves*, ces filaments verdâtres que l'on voit sur les mares, les eaux stagnantes en général. Ces filaments, qui semblent au premier aspect une sorte de limon flottant, sont pourtant doués de certains mouvements spontanés; ils s'entrelacent et se rapprochent intimement à certaines époques. Puis viennent les *fucus* ou varechs, qui peuplent les eaux de la mer, et parmi lesquels on remarque d'abord le *fucus sacré*, qui se couvre d'efflorescences blanches et sucrées, que les Irlandais

mangent avec un grand plaisir après les avoir
soumises au feu. Mais le genre le plus remarquable de cette famille est le *fucus géant* et
nageant, immense lanière dont la longueur est
souvent de plusieurs centaines de pieds, et qui,
sur les mers équatoriales, arrête quelquefois les
vaisseaux. C'est ce qui arriva à Christophe
Colomb, marchant à la découverte d'un nouveau
monde. Déjà ses compagnons épouvantés faisaient entendre des menaces et voulaient obliger
leur chef à revenir en Europe, Colomb insiste
pour aller en avant; il demande quelques jours,
promettant qu'on ne peut tarder à voir la terre
qu'il cherche, parce que son génie l'a devinée.
Tout à coup, les caravelles s'arrêtent au milieu
de l'Océan; la sédition va éclater. De toutes
parts, on n'aperçoit qu'une vaste forêt flottante.
Mais enfin, le vent qui était tombé s'élève; les
caravelles glissent à travers ces algues immenses;
le nouveau monde est découvert !

Après les algues viennent les *champignons*,
qui n'ont guère de ressemblance avec les
familles dont ils sont environnés, mais dont la
place est marquée par les caractères négatifs
communs à toute cette classe. Cette famille, qui
n'a ni feuilles, ni fleurs, ni aucun organe qui y
ressemble, présente à la fois des mets délicats
et des poisons terribles : à côté de la truffe parfumée, de la morille, de l'excellent champignon
comestible, croissent les espèces les plus vénéneuses !

Dans la famille des champignons sont comprises ces moisissures, ces sortes de duvets poudreux, cotonneux, que l'humidité fait naître sur le vieux bois et les végétaux à demi pourris dont ils hâtent la destruction. Cette famille nombreuse présente quelques genres d'un aspect agréable, comme l'oronge, dont le globe, d'un rouge éclatant, tranche sur les tapis de verdure. Mais, quand on pense au venin mortel que renferment quelques espèces, la beauté des autres disparaît : qu'importe l'enveloppe, quand le cœur ne revèle que fiel et corruption !

Nous remarquerons encore dans cette classe les *lichens*, qui naissent partout où l'on pourrait croire la végétation impossible, sur la tête nue des rochers, sur le sommet des monuments, la surface polie des pierres. D'abord, les lichens apparaissent chétifs, souffreteux ; mais ce sont de pauvres enfants qui vivent de si peu qu'ils grandissent partout. A force de persévérance, ils creusent la pierre, s'y font une demeure ; les générations se succèdent, et la végétation devient vigoureuse là où elle semblait ne pouvoir s'établir. Le lichen est l'aliment du renne, qui lui-même est la seule ressource du Lapon. Le lichen d'Islande se transforme, par la cuisson, en une gelée abondante qui est la nourriture principale de plusieurs peuplades de l'Amérique du Nord ; d'une autre espèce, commune en Suède, on tire une sorte de cire dont on fait des bougies, et plusieurs autres contiennent des principes colorants d'un assez grand prix : tant il est vrai qu'il ne faut pas dédaigner le faible, et que dans l'ordre des choses la place qu'occupent les infiniment petits est presque toujours la plus légitimement conquise !

La famille des *mousses* est la plus élégante, la plus jolie de cette classe. Les mousses sont de charmants petits arbres en miniature qu'on ne peut se lasser d'admirer ; les tapis qu'elles forment, à l'ombre des forêts, rivalisent d'éclat avec les plus beaux velours ; et non seulement elles sont vivaces pour la plupart, mais elles possèdent la singulière propriété de reverdir et de revivre lorsqu'on les humecte, même après qu'elles ont été desséchées depuis plusieurs années. Cette famille contient un grand nombre de genres. Les plus remarquables sont les *polytrichs*, dont le Lapon, à l'exemple de l'ours, se fait un lit fort doux ; les *bries*, les *hypnes*, les *phasques*, dont on se sert pour le calfat des bateaux.

Nous ne dirons rien des *hépatiques*, petites plantes herbacées qui naissent dans les lieux humides, non plus que des *cycadées*, petite famille qui tient le milieu entre les palmiers et les fougères, et qu'on ne trouve que dans l'Inde et au Japon ; nous passerons également sur les *rizospermes*, petite plante aquatique à laquelle on ne connaît aucune propriété.

Quant aux *fougères*, dont les espèces sont assez nombreuses, c'est dans leurs cendres que l'on a su trouver un produit intéressant : elles contiennent abondamment de la potasse qu'on en extrait pour la fabrication du verre, et c'est en faisant allusion à l'origine de cette potasse, que les poètes ont célébré le *vin qui rit dans la fougère.*

DEUXIÈME CLASSE

MONOHYPOGYNIE

Cette classe ne renferme que trois familles : celle des *naïadées* est assez nombreuse ; elle se compose, ainsi que l'indique son nom mythologique, de plantes qui croissent dans l'eau ; l'espèce la plus remarquable est la vallisnère-spirale. Elle est assez commune dans le Rhône ; elle porte ses fleurs sur une longue tige roulée en spirale, qui reste constamment sous les eaux pendant six mois, après quoi la spirale se déroule, et la plante s'élève au-dessus de la surface. C'est cette singularité qui a inspiré ces vers à un poète botaniste :

Le Rhône impétueux, sous son onde écumante,
Durant six mois entiers nous dérobe une plante
Dont la tige s'allonge en la saison d'amour,
Monte au-dessus des flots et brille aux yeux du jour.
Les mâles, dans le fond jusqu'alors immobiles,
De leurs liens trop courts brisent les nœuds débiles,
Volent vers leur amante, et, libres dans leurs feux,
Lui forment sur le fleuve un cortège nombreux :

On dirait une fête où le dieu d'hyménée
Promène sur les flots sa pompe fortunée ;
Mais les temps de Vénus une fois accomplis,
La tige se retire en rapprochant ses plis.

Les *aroïdées*, qui forment la deuxième famille de cette classe, ne sont pas moins remarquables. D'une racine ordinairement charnue et tuberculeuse s'élèvent de magnifiques feuilles palmées ou en fer de flèche, d'un vert plus ou moins foncé, quelquefois même diaprées du plus beau pourpre, et rivalisant alors d'éclat avec les fleurs elles-mêmes. Au milieu de ces feuilles, et sur une hampe élancée, se déroule une spathe colorée en forme de cornet, enveloppant une colonne florifère à laquelle succède une belle grappe de baies colorées du plus brillant vermillon. Du cornet d'une *aroïdée*, la *calle* d'Ethiopie, s'échappe une odeur des plus suaves, tandis que des émanations fétides et cadavéreuses s'exhalent d'une autre espèce, l'*arum serpentaire*. Il est si rare de trouver réunies la beauté et la bonté !

La famille des *typhacées* ne se compose que de deux genres : le *typha* ou *massette*, et le *rubanier* ou *ruban d'eau*, dont on emploie les tiges et les feuilles pour tresser des paillassons, et dont le fruit contient une poudre inflammable.

TROISIÈME CLASSE

MONOPÉRIGYNIE

C'est dans la première famille de cette classe, les *cypéracées*, plantes herbacées, naissant dans des lieux marécageux, que se trouve le *souchet papyrier*, qui croît en abondance sur les bords du Nil, et avec lequel les anciens fabriquaient leur papier appelé *papyrus*. C'était en découpant, étalant et collant ensuite côte à côte les lames desséchées de son tissu, sur lesquelles on collait une autre couche de lames en croisant les fibres à angles droits, et passant la pierre ponce sur le tout, qu'on faisait ce grossier papier dont de nombreux restes ont cependant, malgré leur fragilité, traversé les siècles, et offrent aujourd'hui, à notre curiosité, les écritures autographes des Égyptiens, des Grecs et des Romains.

A cette classe aussi appartient l'immense et abondante famille des *graminées*. Les formes sveltes et élancées des graminées, qui permettent à un grand nombre d'occuper très peu de place, s'harmonisent si bien avec les formes variées des autres végétaux, que ce contraste et cette opposition ne lassent jamais. Mais des qualités plus précieuses rendent cette famille bien autrement intéressante : ces frêles végé-

11.

taux portent la nourriture du monde; dans toutes les contrées, sous tous les climats, des semences de graminées forment l'aliment principal des hommes. C'est ainsi qu'en Europe, les céréales, le blé (fig. 36), le seigle, l'orge, ces antiques compagnons du genre humain, ces plantes si anciennement domestiques, qu'on ne les retrouve presque plus dans l'état sauvage, et qu'elles ne peuvent plus vivre loin de la tutelle de l'homme, sont la base de sa nourriture. Dans l'Inde, et dans tous les pays facilement submergés, le riz les remplace et suffit presque seul à la substantation de nations entières. Enfin, c'est encore dans la famille des graminées que se trouve la canne à sucre, originaire de la Chine, et qui, transportée à Saint-Domingue en 1506, fut ensuite répandue dans une grande partie de la région équatoriale de l'Amérique. Il est remarquable qu'elle a perdu la faculté de donner des graines; c'est par les rejetons qu'on la perpétue maintenant. La matière sucrée est contenue dans la tige. Pour l'en retirer, on écrase les tiges, on met sur le feu la liqueur qu'on en obtient, et on l'épure par une série de procédés, jusqu'à en faire du beau sucre blanc et cristallisé, source de si nombreuses jouissances gastronomiques.

Après la famille des graminées, il n'en est pas de plus importante que celle des *palmiers*. Presque tous les palmiers sont de grands et admirables arbres dont la tige, qu'on appelle

stipe, égale dans toute sa longueur, et ne se ra-
mifiant point, forme une colonne élancée, terminée par une couronne toujours verdoyante
de feuilles ailées ou en éventail. Les fleurs, qui
se changent en grappes appelées régimes, sortent, entre les feuilles, d'une enveloppe particulière qu'on nomme *spathe*. Les palmiers sont
tous habitants des contrées chaudes du globe et
étrangers à l'Europe, à l'exception d'une seule
espèce. C'est parmi eux que se trouvent les plus
élevés des végétaux, comme le palmier cirier
des Cordillères, qui produit une cire abondante propre à l'éclairage, et dont la hauteur
dépasse souvent deux cents pieds : mais cette
grandeur n'est rien en comparaison de leur utilité, des bienfaits qu'ils répandent autour d'eux,
et qui en font un objet de respect et d'admiration. C'est parmi eux qu'un seul arbre, comme
le cocotier, le sagoutier, suffit à tous les besoins
de l'homme qui vit à ses pieds.

Il n'est aucune des parties du palmier, à quelque espèce qu'il appartienne, qui ne serve à la
conservation de la santé de l'homme. La tige de
plusieurs, particulièrement celle du sagoutier,
offre dans sa moelle, convertie par la vieillesse
en une espèce de farine, un aliment éminemment nutritif, appelé *sagou*. Dans plusieurs
autres, les feuilles non encore développées,
rassemblées en bourgeon terminal, se mangent
sous le nom de chou palmiste. Leur sève, que
l'on recueille au moyen d'incisions faites aux

spathes, et qui fermente aisément à cause de la grande quantité de sucre qu'elle contient, fournit une liqueur excellente qu'on appelle vin de palmier, et dont on tire, par la distillation, une espèce d'eau-de-vie appelée rack. Mais c'est surtout à cause de leurs fruits que les palmiers sont éminemment précieux pour l'homme, et ces fruits délicieux, ils les portent en abondance. Le dattier offre aux habitants de la Syrie et de plusieurs autres contrées ses longs régimes de dattes savoureuses, nourriture tellement indispensable pour un grand nombre de tribus arabes, que ces peuples ne peuvent croire qu'il y ait au monde des pays habités où l'on ne trouve point de dattier. Le cocotier fournit aux Indiens une nourriture aussi agréable qu'abondante, et le lontar, des Sechelles, abandonne tous les ans aux flots ses fruits d'une forme bizarre, les plus gros qui soient portés par un arbre. Cette espèce de flotte vient aborder régulièrement aux îles Maldives. La singulière apparition de ces fruits, dont on ignorait autrefois l'origine, avait fait penser qu'ils étaient produits par des plantes sous-marines. Enfin, des tiges souples du palmier ont fait des cordages, des nattes, des sièges, des cannes, etc.; et telle est la beauté de ce végétal, les bienfaits qu'il répand ont éveillé dans le cœur de l'homme un si vif sentiment de reconnaissance, que l'on a fait des feuilles du palmier l'emblême des plus hautes récompenses et le symbole de la victoire.

La quatrième famille de cette classe est celle
des *asparagées*, famille composée de genres qui
paraissent bien divers. Ainsi, elle comprend les
asperges, le muguet, le fragon épineux, les
ignames, etc.

Après cette dernière se placent les *joncées*,
qui ont beaucoup de rapports avec les *cypéracées* (voir plus haut); puis les *commélinées* et les
alismacées, qui sont peu importantes, bien
qu'elles offrent quelque ressemblance avec les
liliacées, les *colchicacées*, parmi lesquelles se
trouvent quelques plantes magnifiques, telles
que les méthoniques, vulgairement appelées
superbes du Malabar; les *érithrones*, les *héla-
nias*, la *mérendère* des Pyrénées. En automne,
nos prairies se couvrent d'une grande quantité
de fleurs roses charmantes : c'est le colchique,
qui donne son nom à la famille.

Nous voici arrivés à la famille des *liliacées*,
une des plus nombreuses et des plus brillantes
du règne végétal, famille *glorieuse*, ainsi que
l'appelait le célèbre botaniste Ventenat, qui la
considérait comme la *plus grande gloire de
l'empire de Flore*, appréciation mythologique
qui, pour être bien vieille, n'en est pas moins
juste. Nulle autre famille, en effet, n'égale celle
des liliacées en richesse de couleurs, en élégance de formes, en suavité de parfums. Nommer quelques-unes des plantes qui la composent,
suffit pour faire naître les pensées les plus
riantes et les plus poétiques que le spectacle

de la nature puisse inspirer. A la tête de cette splendide famille, il est juste de placer le Lis blanc; puis, aux premiers rangs, le Lis turban, dont les fleurs, du plus beau rouge écarlate ou d'un jaune admirable, ont la forme d'un turban; le Lis margaton; le Lis de Chalcédoine, aux couleurs purpurines éclatantes; le Lis superbe (fig. 37), dont la magnifique girandole est portée sur une tige de près de cinq pieds de hauteur.

Plus humble dans son port, mais non moins riche de coloris, la Tulipe suit immédiatement; elle est, sans contredit, un des plus beaux ornements de nos jardins par l'inépuisable variété de ses couleurs; du blanc le plus pur, au brun le plus sombre, du rose tendre, au violet, du jaune d'or, au rouge le plus éclatant, il n'est aucune nuance qu'elle ne puisse offrir, et lorsque, pour la première fois, on jette un coup d'œil sur une plate-bande de Tulipes bien choisies, on est tenté de pardonner les folies qu'on a faites, il y a un siècle, pour s'en procurer : à cette époque, certains oignons de Tulipes furent payés jusqu'à vingt mille francs; on appela les amateurs exagérés qui faisaient de tels sacrifices des *fous-tulipiers*. Les *fous-tulipiers* ne sont pas encore rares de nos jours, et nous devons à M. Alphonse Karr, auteur de l'introduction de nos *Fleurs animées*, cette charmante anecdote qu'il a publiée ailleurs sous ce titre :

HISTOIRE VÉRITABLE D'UNE TULIPE

Un amateur de Tulipes faisait l'exhibition de ses fleurs : — il s'était livré à tous les exercices usités en pareils cas, — entre autres, l'exercice de la baguette, qui consiste à appuyer la baguette de démonstration sur la tige de la Tulipe, en feignant d'employer toutes ses forces, sans pouvoir réussir à la courber, — et à dire : « Je vous recommande la *tenue* de celle-ci : c'est une *tringle*, messieurs, c'est une *barre de fer* ».

En effet, il est convenu entre ces messieurs, qu'une Tulipe qui ne pèse pas le quart d'une once doit être portée par une barre de fer, — de même que, vers 1812, je crois, — il a été défendu aux Tulipes d'être jaunes.

Il avait montré *Gluck*, cette *plante si méritante*, — à fond blanc strié de violet; — et *Joseph Deschiens*, — *un vrai diamant*, également blanc et violet; — et *Vandaël*, *cette perle du genre*, toujours blanche et violette; — et *Czartoriski*, *fleur de 5° ligne*, blanche et rose, remarquable par l'extrême *blancheur des onglets*; — et *Napoléon I*er, et le *Pourpre incomparable*, et seize cents autres, — lorsqu'il arriva à une Tulipe devant laquelle il s'arrêta avec un sourire ineffable, la désignant du geste, — mais sans parler; — un des visiteurs demanda si cette Tulipe n'avait pas un nom comme les autres.

Le maître des Tulipes mit un doigt sur sa bouche, — comme eût fait Harpocrate, le dieu du silence, — puis il dit : Voyez quelle magnificence de coloris, — quelle forme, — quels onglets, quelle tenue, quelle pureté de dessin, — quelle netteté dans les stries, — comme c'est découpé, — comme c'est proportionné! C'est une Tulipe sans défaut.

— Et vous l'appelez?

— Chut! c'est une Tulipe qui, à elle seule, vaut tout le reste de ma collection; il n'y en a que deux au monde, Messieurs.

— Mais son nom?

— Chut!... son nom... je ne puis le prononcer sans forfaire à l'honneur... — Je serais bien fier et bien malheureux de dire son nom, de le dire à haute voix, — de l'écrire en lettres d'or au-dessus de sa magnifique corolle; c'est un nom connu et respecté.

— Pardon, Monsieur, je n'insiste pas, — cela paraît tenir à la politique; peut être est-ce le nom de quelque fameux proscrit; —je ne veux pas me compromettre... D'ailleurs, nous ne partageons pas peut-être les mêmes opinions...

— Nullement, Monsieur, ce nom n'a rien de politique; mais j'ai juré sur l'honneur de ne pas la faire voir sous son *vrai nom*; — elle est ici *incognito*, sous l'incognito le plus sévère; — peut-être même en ai-je trop dit... Mais avec tout le monde, avec les gens pour qui je n'ai pas l'estime que vous m'inspirez, — je ne vais pas aussi loin; — je n'avoue même pas que c'est une Tulipe, la reine des Tulipes; je passe devant avec une indifférence, — une indifférence jouée, comprenez bien. — Je la désigne sous le nom de *Rebecca*, mais ce n'est pas son nom...

Les amateurs partirent et moi avec eux; mais je retournai le lendemain, et je lui dis :

— Mais, enfin, c'est donc un mystère bien terrible ?

— Vous allez en juger. Cette Tulipe... que nous continuerons à appeler Rebecca... était en la possession d'un homme qui l'avait payée fort cher, — surtout parce que, sachant qu'il y en avait une autre en Hollande, il était allé l'acheter, et l'avait écrasée sous les pieds pour rendre la sienne unique. — Tous les ans elle excitait l'envie des nombreux amateurs qui vont voir sa collection ; tous les ans, il avait soin de détruire les caïeux qui se formaient autour de l'oignon et qui auraient pu la reproduire. — Pour moi, Monsieur, je n'ose pas vous dire ce que je lui avais offert pour l'un de ces caïeux qu'il pile tous les ans dans un mortier ; j'aurais engagé mon bien, compromis l'avenir de mes enfants !

Je ne regardais plus ma collection ; mes plus belles Tulipes ne pouvaient me consoler de ne pas avoir celle... que je ne dois pas nommer. En vain mon ami... — dois-je appeler ainsi un homme qui me laissait dépérir sans pitié ? — en vain mon ami me disait: Venez la voir tant que

vous voudrez. J'y allais, — je m'asseyais devant
des heures entières ; on ne me laissait jamais
seul avec elle, — on eût craint sans doute ma
passion. — En effet... je l'aurais peut-être volée,
— je l'aurais peut-être arrosée d'une substance
délétère pour la faire périr ; au moins, elle
n'aurait pas existé, et je n'aurais pas eu de
remords !

Quand Gygès tua Candaule pour avoir sa
femme, tout le monde donna tort au roi Candaule, qui avait voulu la faire voir à Gygès,
toute nue, sortant du bain. — On n'a qu'à ne
pas montrer la Tulipe. — J'arrivai à un tel état
de désespoir, — qu'une année je ne plantai pas
mes Tulipes, — mes chères Tulipes. — Mon jardinier eut pitié d'elles et peut-être de moi, —
et le rustre... je le lui pardonne, — car il les a
sauvées, — les planta au hasard, — dans une
terre vulgaire.

— Mais enfin, comment avez-vous eu cette
Tulipe ?

— Voilà la chose... Je n'ai pas tout à fait
imité Gygès, quoique mon ami ne se soit pas
montré plus délicat que Candaule, mais cependant j'ai fait un crime : j'ai fait voler un caïeu.
Candaule a un neveu... Ce neveu, qui attend
tout de son oncle, lequel est fort riche, l'aide à
planter et à déplanter ses Tulipes, et affecte
pour ces plantes une admiration qu'il n'a pas,
le malheureux ! mais sans laquelle son oncle ne
supporterait même pas sa présence. — L'oncle

est riche, mais il n'est pas d'avis que les jeunes
gens aient beaucoup d'argent... Le neveu avait
contracté une dette qui le tourmentait beaucoup... Son créancier menaçait de faire sa décla-
ration à son oncle. — Il s'adressa à moi et me
supplia de le tirer d'embarras. — Je fus cruel,
Monsieur, je refusai net. — Je me plus à lui
exagérer la colère où serait son oncle quand il
aurait appris l'incartade. Je le désespérai bien,
— puis je lui dis : Cependant, si tu veux, je te
donnerai l'argent dont tu as besoin.

— Oh ! s'écria-t-il, vous me sauvez la vie.

— Oui, mais à une condition,

— A mille, si vous voulez.

— Non, une seule : tu me donneras un caïeu
de la... Tulipe en question.

Il recula d'horreur à cette proposition.

— Mon oncle me chassera, s'écria-t-il, — me
chassera et me déshéritera !

— Oui, mais il ne le saura pas, — tandis qu'il
saura certainement que tu as fait des dettes.

— Mais s'il le savait jamais !

— A moins que tu ne le lui dises...

— Mais vous...

Enfin, je le pressai, j'effrayai le malheureux
jeune homme ; il promit de me donner un caïeu
quand on déplanterait les Tulipes, — mais il
exigea mon serment sur l'honneur de ne jamais
nommer... celle que j'appelle Rebecca, à personne — et de lui donner un autre nom — jusqu'à la mort de son oncle.

En échange de cette promesse, je lui donnai l'argent dont il avait besoin. Depuis, nous avons tenu tous deux nos serments; j'ai eu la Tulipe, et je ne l'ai nommée à personne. — La première fois qu'elle a fleuri ici, — chez moi, — étant à moi, — l'oncle est venu voir mes Tulipes. — C'est une politesse qu'on échange entre amateurs. — Il l'a regardée et a pâli. — Comment appelez-vous ceci? m'a-t-il dit d'une voix altérée.

Ah! Monsieur, je pouvais lui rendre tout ce qu'il m'avait fait souffrir! — Je pouvais lui dire le nom... que vous ne savez pas... Je me suis rappelé ma promesse, ma promesse sur l'honneur, et le neveu était là, il me regardait avec angoisse, — et j'ai dit : Rebecca.

Cependant, il trouvait bien quelque ressemblance; — aussi il est resté préoccupé; — il a beaucoup loué le reste de ma collection, et n'a rien dit de celle qui est la perle, le diamant de ma collection. — Il est revenu le lendemain, — puis le surlendemain, — puis tous les jours tant qu'elle a été en fleur; — puis il a réussi à se tromper lui-même : il a cru voir entre Rebecca et... l'autre... des différences imaginaires. Alors il a dit : Elle ressemble un peu à... vous savez?

Eh bien, Monsieur, j'ai aujourd'hui la Tulipe que j'ai tant désirée — et je ne suis pas heureux. — A quoi cela me sert-il, puisque je ne puis le dire à personne?

— Quelques amateurs, — forts, la reconnaissent à peu près : — mais je suis forcé de nier, et je n'en rencontre pas un assez sûr de lui pour me dire : — Vous êtes un menteur ! — Je souffre tous les jours d'affreux tourments : — j'entends ici faire l'éloge de la Tulipe que j'ai comme lui. — Quand je suis seul, je m'en régale, je l'appelle de son vrai nom, auquel je joins les épithètes les plus tendres et les plus magnifiques. — L'autre jour, j'ai eu un peu de plaisir : — je l'ai prononcé, ce nom mystérieux, — tout haut, à un homme. — Mais je n'ai pas manqué mon serment : — cet homme est sourd à ne pas entendre le canon.

Eh bien ! cela m'a un peu soulagé ; — mais c'est incomplet. — On ne sait pas que je l'ai, — elle... — Tenez... ayez pitié de moi, mon serment me pèse... Jurez-moi sur l'honneur, à votre tour, de ne pas répéter ce que je vais vous dire... Je vous dirai alors son vrai nom, le vrai nom de Rebecca, — de cette reine déguisée en grisette. — Votre serment à vous ne sera pas difficile à tenir, — vous n'aurez pas à lutter comme moi, Monsieur. C'est affreux, — mais je désire que cet homme, que ce Candaule soit mort, — pour dire tout haut que j'ai... Tenez, faites-moi le serment que je vous demande.

J'eus pitié de lui, et je lui promis solennellement de ne pas répéter le nom de la fameuse Tulipe.

Alors, avec une expression d'orgueil intraduisible, — il toucha la plante de sa baguette, et me dit : — Voici...

Mais, à mon tour, je suis engagé par un serment : — je ne puis dire le nom qu'il fut si heureux de prononcer.

— Croyez-vous qu'on invente ces choses-là ?

———

On remarque encore dans cette famille la majestueuse *fritillaire*, ou couronne impériale, l'un des ornements les plus pittoresques des jardins ; les *hémérocalles*, dont les fleurs sont presque aussi belles que celle du Lis ; les *yucca*, charmants arbrisseaux qui ressemblent un peu au palmier ; et une foule d'autres genres, qui seuls suffiraient pour justifier le titre de glorieuse donné à cette si belle et si nombreuse réunion.

Auprès de cette superbe famille, dont nous n'avons pu dire toutes les beautés, vient s'en grouper une autre toute petite, celle des *broméliées*, formée seulement de trois genres, l'*ananas* ou *bromelia*, le *pitcairnia* et la *tillandrie*. L'ananas est le genre le plus remarquable des trois, et il est assez connu par la délicieuse saveur de son fruit.

Après cette petite famille en vient une immense et belle, celle des *narcissées*, qui disputent aux liliacées le prix de la beauté des fleurs, de l'élégance du port et de la suavité des parfums. En tête de cette famille se placent les Amaryllis, genre si nombreux et si varié, que nous n'en saurions ici énumérer les espèces. Parlons de la plus remarquable, de l'Amaryllis gigantesque, qui est peut-être la plus belle des fleurs connues : son oignon, d'une grosseur énorme, pousse, au milieu d'une touffe de feuilles de la plus grande dimension, une tige de trois pouces de diamètre et de plus de deux pieds de hauteur, du sommet de laquelle, et en tous sens, s'étalent au moins soixante pédicules fort longs, terminés chacun par une fleur d'un rose vif, rayée d'un rose plus foncé, et de trois pouces de longueur. Qu'on se figure l'éclat de cette magnifique couronne de plus de six pieds de circonférence, et dont on chercherait en vain dans tout le règne végétal un second exemple ! Cette plante si belle a fleuri en France pour la première fois dans le cours de l'année 1820.

C'est à la famille des narcissées qu'appartiennent en outre la Jonquille (fig. 38), le Narcisse de Constantinople, celui de Chypre, le Lis des Incas, les Hémantes, les Galantines, les Perce-neige et l'Agavé, dont la floraison est un objet d'admiration : après une croissance d'un grand nombre d'années, l'Agavé, ayant acquis toutes ses forces, accomplit ce phénomène : du milieu de ses feuilles s'élève, ou plutôt s'élance, tant son développement est rapide, une tige nue, haute de quinze à vingt pieds, terminée

par une immense quantité de fleurs jaune verdâtre, disposées en une magnifique pyramide.
Cet accroissement subit s'exécute en quinze
jours environ; puis bientôt les fleurs passent,
la tige se flétrit, et la plante meurt en laissant
un nombre infini de graines et quelques rejetons
qui offrent un moyen plus prompt de la propager.

La dernière famille de la classe MONOPÉRI-
GYNIE se compose des *iridées*, dont les *iris* sont
le genre principal et le plus nombreux; les
deux autres genres les plus importants sont les
ixia, dont les fleurs offrent toutes les couleurs
et toutes les nuances imaginables, et les
glaïeuls, dont les fleurs, aussi fugaces que
belles, ne vivent que quelques heures.

QUATRIÈME CLASSE

MONOÉPIGYNIE

Quatre familles seulement composent la
quatrième classe : la première est celle des
musacées, peu nombreuses en genres, mais qui
comptent parmi eux les bananiers, ce qui suffit
à son illustration. On croirait aisément, en
voyant ce beau et vigoureux végétal, dont la
tige a communément trois pieds de circonférence et quinze pieds de hauteur, que c'est un
arbre d'une grande solidité et d'une existence

durable. Ce n'est pourtant qu'une plante herbacée dont la vie, dans les contrées voisines
de l'équateur, ne dure jamais une année
entière. Dans les climats tempérés, où, pour la
faire croître et fructifier, il faut que l'art vienne
au secours de la nature, sa vie se prolonge
pendant une assez longue suite d'années ; elle
peut même être d'un siècle ; mais il ne peut
éviter sa destinée, qui est de périr dès qu'il a
donné ses fruits.

Tout récemment, alors que la fièvre de la
commandite était dans toute sa violence, des
spéculateurs s'en étaient pris au bananier ; ils
prétendaient pouvoir faire du papier avec la
tige de cette plante. Vite, la prétendue découverte est mise en actions au capital de plusieurs
millions : les actionnaires vinrent... Où n'en
viendrait-il pas ? On fit réellement du papier de
bananier ; mais il était fort mauvais, et il
revenait à un prix quadruple de celui fabriqué
par les procédés et avec les matières ordinaires.
Il est vrai que les actionnaires avaient le droit
d'aller contempler deux bananiers rabougris,
souffreteux, qui s'étiolaient dans les salons du
gérant, rue Montmartre n° 171, et que ce plaisir
ne leur a coûté que quelques centaines de
mille francs !... En vérité, quand on pense au
genre actionnaire et à quelques autres, on est
forcé de convenir que notre orgueil seul a pu
nous faire placer le règne auquel nous appar-
tenons, au-dessus de celui où se trouvent tant

de si belles et si bonnes choses qui ne mentent pas, qui ne volent pas, et dont le muet et doux langage ne passe par les yeux que pour réjouir le cœur... Décidément les fous-tulipiers ne sont pas si fous qu'ils le paraissent!

Les *amomées*, deuxième famille de cette classe, comprennent le *basilier*, plante d'ornement, haute de quatre pieds, dont les feuilles sont tournées en cornet avec tant de perfection, que les eaux de la pluie y séjournent comme dans des vases. Dans cette famille sont rangés l'Amome gingembre, le Curcuma, la Zédoaire, et quelques autres genres moins importants.

La bizarrerie est le caractère principal de la famille des *orchidées*. L'Orchis militaire, par exemple, et l'Orchis singe présentent, dans chacune de leurs fleurs, l'apparence d'une figure humaine suspendue. Il est vrai, que l'imagination aide quelque peu à ces ressemblances; mais elle n'ajoute rien à l'illusion que produisent les fleurs des autres genres de cette famille, qui figurent, les unes des mouches, les autres des taons et plusieurs autres insectes. A cette singularité, la famille des *orchidées* joint l'avantage de compter parmi ses membres la Vanille, qui fournit le plus suave des parfums du règne végétal.

Nous ne mentionnerons que pour mémoire la dernière famille de cette classe, les *hydrocharidées*, herbes aquatiques que quelques auteurs ont rangées à tort parmi les naïadées.

CINQUIÈME CLASSE

ÉPISTAMINIE

Cette classe ne contient qu'une seule famille, les *aristolochiées*, plantes qui habitent ordinairement les pays chauds. C'est dans cette famille que se trouvent les plus grandes fleurs connues : le célèbre voyageur de Humboldt a vu, dans l'Amérique méridionale, des fleurs d'aristoloche qui avaient quatre pieds de circonférence.

SIXIÈME CLASSE

PÉRISTAMINIE

La plupart des genres de la première famille de cette classe, les *éléagnées*, viennent de l'Inde et de l'Amérique septentrionale. On remarque parmi ces plantes le grignon de Cayenne, l'argousier, les badamiers, et, plus particulièrement, le badamier au vernis, d'où découle la matière résineuse qui forme le célèbre vernis avec lequel les Chinois recouvrent les meubles connus en Europe sous le nom d'objets en *laque de Chine*.

Les *daphnoïdes* ne sont pas une famille bien importante ; cependant c'est au nombre des genres dont elle se compose que se trouve le *bois-dentelle*. C'est un arbuste de la Jamaïque dont l'écorce intérieure est formée de fils entrelacés qu'on peut étendre avec un peu de précaution, et qui offre alors une ressemblance frappante avec la dentelle la plus belle, à supposer pourtant que la dentelle soit une jolie chose. On rapportait à une dame de beaucoup d'esprit que cet arbrisseau pouvait parfaitement s'acclimater en Europe, ce qui serait un grand bonheur pour les dames, qui pourraient désormais avoir de très belle dentelle à bon marché.

— Eh! Monsieur, répondit la dame au nouvelliste mal avisé, ne comprenez-vous pas que les femmes ne font cas de cette laide chose qu'on appelle dentelle que parce qu'elle coûte un prix fou? Viennent vos arbustes, et personne n'en voudra.

La famille des *protéacées* se compose de très beaux arbres qui croissent naturellement en Afrique; le genre le plus remarquable est l'arbre d'argent, dont les feuilles en fer de lance, et d'un éclat presque métallique, reflètent les rayons du soleil d'une manière éblouissante.

Les espèces du genre laurier, qui a donné son nom à la quatrième famille de cette classe les *lauroïdes*, sont fort nombreuses et trop connues pour que nous en parlions longuement. Le plus important du genre est le cannellier, espèce de laurier cultivé à Ceylan, et dont l'écorce, enlevée et exposée au soleil, se roule et forme ce que nous appelons la *cannelle*. Une autre espèce du même genre est le muscadier, dont la graine est connue sous le nom de muscade.

Les polygones, les patiences et les rhubarbes sont les principaux genres de la famille des *polygonées*. Le blé noir ou sarrasin est le plus important, les patiences et les rhubarbes sont d'une utilité douteuse.

Les *atriplicées*, sixième et dernière famille de cette classe, sont des plantes potagères, la bette blanche, la betterave, etc. La betterave a acquis, depuis trente ans, une haute importance. En 1812, on ne connaissait que le sucre de canne, qui valait *quatorze francs* le kilogramme en France, par suite de la guerre avec l'Angleterre. Des essais furent faits pour obtenir du sucre de quelques plantes indigènes. Les Parisiens se moquèrent beaucoup de ces tentatives : on chansonna le sucre indigène et ses fabricants, et nous nous rappelons avoir vu, aux vitres de Martinet, ce musée en plein vent de la rue du Coq, une caricature représentant le roi d'Angleterre et Napoléon, tous deux couronne en tête ; l'Anglais lançait à l'Empereur une énorme betterave, en s'écriant : *Va te faire sucre !* Et voilà qu'aujourd'hui le sucre de betterave, aussi beau, aussi bon, aussi et même plus abondant que le sucre de canne, met en péril les plantations de nos colonies ! Les Anglais, qui ont beaucoup ri du mot, trouveraient sans doute, en cas de guerre, la chose fort peu plaisante.

12.

HYPOSTAMINIE

Les propriétés des *amarantées*, première famille de cette classe, sont nulles ou inconnues.
Les genres les plus remarquables sont l'amarante tricolore et la queue-de-renard, qu'on
cultive dans les jardins.

Les *plantaginées* sont une petite famille composée des genres plantain (fig. 39) et littorelle ;
ce sont des plantes herbacées qui croissent sous
presque toutes les latitudes.

Les *nyctaginées* sont ainsi nommées parce que,
dans la plupart des espèces de cette famille, les
fleurs ne s'épanouissent que pendant la nuit.
L'espèce la plus commune est la Belle-de-nuit,
qu'on appelle aussi Merveille du Pérou, parce
qu'elle est originaire de ce pays.

La quatrième et dernière famille de cette
classe se compose des *plombaginées*. Ce sont
de petites plantes comme le gazon d'Olympe,
et d'autres petits gazons employés en bordure
dans les jardins.

HYPOCOROLLIE

La Primevère et l'Oreille-d'ours sont les principaux genres de la famille des *primulacées*, la

première de la huitième classe. Ces fleurs sont fort connues et peu remarquables.

Les *acanthées*, qui forment la deuxième famille, sont surtout remarquables à cause de l'élégance de leurs feuilles, qui ont été adoptées pour ornement par les sculpteurs de l'antiquité. Callimaque fut le premier qui s'en servit pour décorer le chapiteau de l'ordre corinthien dont il est regardé comme l'inventeur.

Parure élégante des jardins, les espèces composant la famille des *jasminées* forment, autour d'elles, une atmosphère de parfums s'exhalant du Lilas et de toutes les espèces de Jasmin. Mais le genre le plus important de cette famille est l'olivier, source de prospérité pour la Provence et les contrées méridionales de l'Europe.

On attribuait autrefois aux espèces de la famille des *verbénacées* des propriétés prodigieuses : ainsi, le genre Gattilier passait pour être le remède le plus efficace contre les tourments de l'amour ; et la Verveine, autre genre de la même famille, jouait un grand rôle dans les enchantements et la sorcellerie. Aujourd'hui, il n'y a plus guère que les médecins qui reconnaissent quelque vertu à cette plante, mais ils n'en sont pas plus sorciers pour cela.

Les jolies plantes composant la famille des *labiées*, plantes dont les caractères sont aussi naturels que les propriétés, habitent plus particulièrement les collines et les lieux exposés au soleil ; tels sont le thym, la sarriette, la sauge,.

qui forment un si agréable assaisonnement. Un phénomène curieux s'observe dans une espèce de cette famille, le Dracocephalum variegatum : les fleurs, au nombre de quatre, sont presque droites et sessiles ; elles sont susceptibles d'être mues horizontalement dans l'espace d'un demi-cercle, et restent immobiles dans la position qu'on leur a fait prendre.

On a donné le nom de *personnées* aux plantes composant la sixième famille de cette classe, parce que la configuration de leurs fleurs représente assez bien un masque. Elles sont d'un grand usage en médecine ; quelques-unes contiennent un poison très actif.

Les plantes de la famille des *solanées* ont en général une teinte sombre et livide, une odeur fétide, qui semblent indiquer leurs propriétés dangereuses ; telles sont la belladone, la mandragore, la jusquiame, le pomme épineuse, etc. Mais, par compensation, cette famille compte au nombre de ses membres la pomme de terre, qui est du pain tout fait, et grâce à laquelle il ne peut plus y avoir de famine en Europe. Cette plante fut apportée en 1590 du Pérou en Europe, où elle s'est multipliée à l'infini, non sans peine pourtant ! Pendant près de deux siècles, le peuple n'en voulait faire d'autre usage que de la donner pour nourriture aux pourceaux, et il fallut des efforts inouïs pour déraciner le préjugé qui l'empêchait d'être admise sur la table du pauvre. Le célèbre

Parmentier fut le plus infatigable propagateur
de la pomme de terre. Désespéré pourtant du
peu de succès qu'il obtenait, il s'avisa de
s'adresser au roi Louis XVI. — « Sire, lui
dit-il, c'est dans trois jours la fête de Votre
Majesté (Saint-Louis, 25 août) : si vous con-
sentiez à porter ce jour-là une fleur de pomme
de terre à la boutonnière de votre habit, je suis
persuadé que cela ferait plus que tous les écrits
possibles pour faire adopter cette plante. » Le
roi y consentit, et il ordonna en même temps
qu'à partir de ce moment on servît chaque jour
sur sa table un plat de pommes de terre.
L'expédient eut un résultat prodigieux : bien
en cour, les pommes de terre firent fureur à la
ville, et le peuple accepta enfin un bienfait
qu'il avait si longtemps repoussé.

C'est encore dans la famille des solanées que
se trouve le tabac. Jean Nicot, ambassadeur de
France en Portugal l'apporta en 1559 à la reine
Catherine de Médicis. L'usage du tabac est une
lèpre qui va s'étendant sans cesse ; aussi
n'a-t-il pas fallu de grands efforts pour le
propager.

Dans la famille des *borraginées*, les changements de couleurs sont presque universels.
C'est ainsi, par exemple, que les fleurs du
Tournefort, d'un blanc verdâtre d'abord,
passent, avant de se flétrir, à une couleur
noire très foncée : d'autres plantes de la même
famille, telles que la Pulmonaire, la Consoude,

ont les fleurs rouges à leur épanouissement, et bleues dans leur vieillesse. A cette famille appartiennent les Héliotropes, dont quelques espèces sont très recherchées, et l'Orcanette, dont la racine contient un principe colorant d'un rouge plus ou moins foncé, et dont les dames athéniennes se servaient comme de fard, pensant sans doute qu'il devait leur être permis d'emprunter quelque chose aux fleurs auxquelles on les comparaît.

La famille des *convolvulacées* se compose de plusieurs genres de Liserons d'une forme élégante. A cette famille appartient la patate, qui offre un aliment presque aussi substantiel que la pomme de terre.

Presque toutes les plantes de la famille des *polémoniacées*, qui vient ensuite, sont originaires de l'Amérique septentrionale. L'un des genres les plus remarquables de cette famille est le Phlox, qui présente une grande variété de couleurs. Le genre des Cobæa est aussi fort joli. A Paris, dans les quartiers populeux, les Cobæa tapissent une grande partie des fenêtres, et la beauté de leurs fleurs fait un contraste frappant avec la malpropreté des rues. C'est la fleur du pauvre ; comme lui, elle vit de peu, sa jeunesse passe vite et ses joies sont courtes.

Entièrement exotique, la famille des *bignoniées*, porte de très belles fleurs. La principale espèce est le Catalpa, bel arbre originaire

d'Amérique, qui forme dans quelques-uns de
nos jardins de magnifiques allées. La Bignone
toujours verte, qu'on nomme aussi Jasmin
odorant de la Caroline, et la Bignone droite, ou
Jasmin de la Virginie, sont aussi de fort belles
plantes. A la même famille appartient le Sésame
d'Orient : c'était le Sésame des anciens ; ses
graines contiennent un principe oléagineux
dont on tire une huile excellente.

Après la famille des *gentianées*, entièrement
composée de plantes herbacées donnant de
très belles fleurs, vient celle des *apocynées*,
plus nombreuse et plus brillante, qui comprend
les Lauriers-roses, les Frangipaniers et les Pervenches, ces douces et modestes fleurs que
Rousseau affectionnait et qu'il préférait même
à la Rose. C'est aussi aux apocynées qu'appartient le genre des Asclépias, qui est très
nombreux, et la plante appelée Gobe-mouche,
dont nous avons parlé dans notre première
partie.

Les *sapotées*, qui forment la famille de cette
classe, sont toutes plantes exotiques dont
plusieurs sont cultivées dans les pays chauds
tant à cause du parfum de leurs fleurs que
pour leurs fruits, qui ont une saveur très
agréable. Celui du Sapotilier est un mets
délicieux pour les habitants des Antilles.

NEUVIÈME CLASSE

PÉRICOROLLIE

Les *diospyrées*, première famille de la neuvième classe, sont des arbres résineux : le styrax est une de ses espèces les plus remarquables : la résine qu'on en retire par incision dans quelques contrées de l'Asie, se nomme storax ; le benjoin, résine précieuse, est produit par un autre arbre de la même famille.

On doit au genre Rhododendron, le plus remarquable de la famille des *rhodoracées*, plusieurs belles espèces qui font l'ornement des jardins ; l'Azalée est aussi une fort jolie plante de la même famille. On assure que le miel des abeilles qui ont butiné sur les fleurs de cette plante est dangereux.

La famille des *éricoïdes* diffère peu de la précédente ; le genre bruyère est le principal de cette famille : il renferme un grand nombre d'espèces originaires du cap de Bonne-Espérance ; telles sont la bruyère en arbre, la bruyère cendrée, la bruyère élégante et celle de la Méditerranée.

La plupart des plantes de la famille des *campanulacées* sont cultivées à cause de leur brillante corolle en forme de clochette ; le nombre des campanules est considérable, et leurs fleurs

rivalisent de beauté. Un autre genre de cette
famille, les lobélies, porte un suc vénéneux, et
la lobelia tupa, qu'on trouve au Chili, est un
des poisons les plus actifs que l'on connaisse.

DIXIÈME CLASSE

ÉPICOROLLIE — SYNANTHÉRIE

Cette classe ne se compose que de trois
familles ; la première est celle des *chicoracées*,
dont les fleurs ne s'épanouissent que par un
beau temps. A cette famille appartient la laitue,
la romaine, la chicorée sauvage, que l'on a si
ridiculement essayé de substituer au café, la
scorsonère et le salsifis.

A la famille des *cyranocéphales* appartiennent
les artichauts, les cardons, le chardon, et, au
milieu de beaucoup d'autres plantes, la plus précieuse pour les dames, celle à l'aide de laquelle
elles font disparaître la pâleur produite par l'in-
somnie, les plaisirs et les fatigues du bal, le
carthame, enfin, qui est la base du rouge végétal,
grâce auquel tant de belles ajoutent l'éclat et la
fraîcheur de la Rose à la blancheur du Lis (vieux
style).

La plus grande partie des plantes appartenant
à la famille des *corymbifères* produisent de
jolies fleurs ; tel est le genre aster, qui comprend
l'Œil-de-Christ, l'Aster en feuilles de cœur, la

Reine-marguerite. Viennent ensuite les Chry-
santhèmes (fig. 40), les Soleils et les Immor-
telles, qui doivent ce nom à leur longue durée.

ÉPICOROLLIE — CORISANTHÉRIE

Après les *dispacées*, première famille de cette
classe, dont les valérianes sont le genre principal, viennent les *rubiacées*, nombreuse famille
qui doit surtout son importance à l'efficacité des
remèdes produits par quelques-unes de ses
espèces : tels sont le quinquina et l'ipécacuanha.
C'est aussi aux rubiacées qu'appartient le végétal
qui fournit le café. Cet arbrisseau, originaire
de l'Arabie, fut transporté par les Hollandais
à Batavia, et de là à Amsterdam. Un pied fut
envoyé à Paris, où il prospéra dans les serres
du Jardin des Plantes. Plusieurs pieds furent,
de là, envoyés à la Martinique ; mais un seul y
arriva vivant. Telle est l'origine de toutes les
plantations qui existent aujourd'hui aux Antilles.

Le principal genre des *caprifoliées*, troisième
et dernière famille de la onzième classe, est le
Chèvrefeuille, dont les fleurs exhalent un parfum
si délicieux ; viennent ensuite le Sureau, le
Gui, le Manglier et quelques autres peu importants.

ÉPIPÉTALIE

Deux familles seulement composent cette classe, les *araliées*, petite famille à laquelle est dû le genseng, dont l'origine a été longtemps douteuse, et qu'on a confondu avec l'angélique, et la famille des *ombellifères*, à laquelle appartiennent la carotte, le panais, le céleri, le persil, l'anis, la coriandre, l'angélique, etc.

HYPOPÉTALIE

Cette classe est la plus nombreuse du règne végétal ; vingt-trois familles la composent. La première est celle des *renonculacées*, famille aussi dangereuse que belle, dont presque tous les individus ont des propriétés vénéneuses ; telles sont la Renoncule âcre, la rampante, appelée Bouton-d'or, la Renoncule aquatique, la scélérate, la Clématite brûlante, appelée vulgairement *herbe aux gueux*, parce que les mendiants s'en servent souvent pour se donner des ulcères factices.

Cela n'empêche pas qu'un grand nombre de

renonculacées soient cultivées dans les jardins à cause de la beauté de leurs fleurs. Les plus remarquables sont le Gant de Notre-Dame, le Pied-d'alouette, toutes les variétés d'Anémones, les Pivoines, etc. C'est aussi à cette famille qu'appartiennent les Aconits, dont une espèce, l'Aconit napel, servait à empoisonner les flèches dans l'antiquité. Bien que le suc de cette dernière plante soit encore une substance dangereuse de nos jours, il est permis de penser qu'elle a perdu quelque chose de sa violence, de même que la ciguë, qui, au témoignage de l'histoire, était, dans l'antiquité, un poison des plus violents et des plus infaillibles, et qui est maintenant, dans nos contrées, une plante presque anodine. Le meilleur est pourtant de ne pas s'y fier.

La famille des *papavéracées* n'est pas moins remarquable que la précédente : les sucs de ces plantes offrent des colorations diverses, à l'aide desquelles les sauvages de l'Amérique se teignent le corps. Presque tous les genres de papavéracées jouissent de propriétés narcotiques; mais c'est surtout dans le Pavot d'Orient (*papaver somniferum*), très cultivé dans nos jardins, que cette propriété se trouve à un haut degré. La meilleure espèce est celle de Perse; c'est d'elle qu'on tire l'*opium*, qui est d'un usage si général parmi les Orientaux, chez lesquels il remplace les liqueurs spiritueuses, proscrites par la loi de Mahomet. L'opium, dans ces contrées, se prend en infusion, ou il se fume mêlé avec du tabac. Pris à petite dose de l'une ou de l'autre manière, l'opium excite la gaieté et plonge dans une douce ivresse; à dose plus forte, il détermine l'assoupissement, le délire, la mort. L'abus que font les Orientaux de cette substance est la seule cause de l'espèce d'engourdissement moral dans lequel ces peuples sont constamment plongés. Il faut qu'il soit bien difficile de renoncer à l'usage de l'opium, quand on en a l'habitude, puisque la peine de mort prononcée par la loi, en Chine, contre tout fumeur, mangeur, vendeur ou acheteur de cette substance, n'a pu y faire renoncer la population. L'empereur, voulant absolument détruire ce déplorable usage, a tenté d'interdire l'accès de ses États aux navires anglais chargés d'opium. Mais les Anglais, marchands avant tout, lui ont fait la guerre, et le grand souverain du Céleste Empire a dû se résigner à laisser empoisonner ses sujets. Il y a des gens qui voient là un progrès de la civilisation!

La famille des *crucifères* comprend les Ravenelles, les Giroflées, les Juliennes, charmantes fleurs qui ornent et embaument nos parterres; le genre raifort, rave, radis, cresson, appartient aussi à la famille des crucifères, de même que le genre chou, dont les variétés sont innombrables, le colza, le turneps, le navet, le pastel, dont on retire l'indigo, la moutarde, etc.

Les *capparidées* forment une famille beaucoup

moins nombreuse et moins importante; on y
remarque pourtant le câprier, dont les fruits se
mangent confits dans du vinaigre, et le Réséda,
modeste fleur dont l'odeur est si agréable.

Les *sapindées* forment la cinquième famille de
cette classe. Toutes les plantes de cette famille
sont exotiques; la principale est le savonnier :
ses fruits sont revêtus d'une écorce savonneuse
dont on se sert en Amérique et aux Indes pour
blanchir le linge.

La famille des *acéridées* est aussi fort res-
treinte, puisqu'elle ne se compose que des
érables, des marronniers et des frênes. L'érable
produit le sucre en assez grande abondance ; il
suffit, pour obtenir cette substance, de faire une
incision à l'arbre ; il en découle un sirop que
l'on cristallise facilement. C'est du frêne à fleurs
qu'on obtient la *manne*. A voir ces énormes
marronniers d'Inde qui font l'ornement de nos
plus belles promenades, on pourrait croire que
quelques-uns sont âgés de plusieurs siècles ; il
n'en est rien pourtant, car le premier individu
de ce genre ne fut apporté en France qu'en
1615 ; on le planta à l'hôtel Soubise, et ce fut
encore bien longtemps après que la beauté de
ses fleurs le fit adopter comme arbre d'ornement.

Les *malpighiacées* ont beaucoup d'analogie
avec les *acéridées*. On doit la découverte de
cette famille au célèbre botaniste Malpighi, qui
lui donna son nom. Quelques genres de malpi-

ghiacées donnent des fruits assez estimés dans les îles de l'Amérique et du Pérou.

Les *hypéricées*, dont les genres sont vulgairement appelés millepertuis, doivent ce nom à la grande quantité de points glanduleux, transparents, dont leurs feuilles sont souvent parsemées. Plusieurs genres de cette famille donnent un suc résineux connu sous le nom de gomme-gutte d'Amérique.

Il en est de même de la plupart des genres de la famille des *guttifères*.

Les *hespéridées* sont aussi des végétaux exotiques, dont beaucoup sont cultivés avec succès en Europe. Ornements majestueux de nos jardins, les hespéridées séduisent nos yeux par la beauté de leurs fleurs et de leurs fruits, comme elles charment notre odorat par les délicieux parfums qu'elles exhalent. C'est à cette belle famille qu'appartiennent l'oranger, le citronnier, le camélia, le thé, etc.

La famille des *méliacées* donne aux arts plusieurs bois précieux, entre autre l'acajou.

Celle des *sarmentacées*, qui vient ensuite, n'a qu'un seul genre important, la vigne ; mais ses innombrables variétés sont une source immense de richesse. La vigne habite un grand nombre de contrées ; mais c'est dans les pays méridionaux et surtout dans les terroirs volcaniques qu'elle déploie toute la vigueur et la beauté de sa végétation.

« Je me rappelle encore, dit un voyageur,

l'impression que produisit sur moi l'aspect enchanteur de l'immense jardin du Vésuve ; de toutes parts s'élevaient de longs sarments de vigne qui, s'entrelaçant de mille manières différentes, offraient leurs grappes magnifiques au voyageur brûlé par les ardeurs du soleil. Point d'épiderme ni de graines coriaces comme dans la plupart des raisins de nos contrées ; peau, pulpes, semences, tout se résolvait en un suc délicieux. Après avoir franchi ce nouvel Éden et dépassé la demeure de l'ermite, la végétation, jusqu'alors si brillante, ne s'annonça plus que par quelques arbres ; bientôt elle cessa entièrement, et ma vue n'eut plus à se reposer que sur de vastes champs de lave. Le chemin devenait roide et escarpé ; mais une fois arrivé au sommet, je fus bien dédommagé de mes fatigues par l'imposant spectacle qui s'offrit à mes regards. A gauche, je contemplais le cap Sorrento, les îles de Caprée, de Procita, Portici, Torre del Greco et la mer. A droite, se dessinait le beau bassin du golfe de Naples, l'immense amphithéâtre formé sur ses bords par la ville, la côte du Pausilippe, Pouzzoles et le promontoire de Misène. Derrière moi j'avais les montagnes de la Calabre et la ville de Pompeïa ; enfin les Camaldules terminaient ce magnifique paysage. L'admiration que me causait ce tableau était souvent interrompue par les bruits qu'on entendait dans l'intérieur de la montagne, et qui précédaient les longues colonnes de feu qu'on

voyait s'élever dans les airs, retomber en gerbes
immenses, ou se répandre comme un torrent
sur les flancs du Vésuve, qui ressemblait à une
mer de feu. Je quittai ce lieu de merveilles,
l'âme pleine de ces grandes émotions qu'un
tel spectacle peut faire naître. En descendant
la montagne, le guide me montra plusieurs
endroits où la vigne est d'une fertilité prodigieuse. Lorsque la lave d'une éruption l'a
détruite, il suffit du plus petit rejet pour qu'elle
repousse avec la plus grande rapidité, et dans
l'espace d'un an, elle se couvre d'une récolte
supérieure à celle de l'année précédente. Cette
extrême fertilité explique l'insouciance de l'habi-
tant du Vésuve pour les dangers sans cesse
renaissants dont il est entouré. »

La famille des *géraniées* est une de celles qui
renferment le plus de plantes d'agréments; à
elles appartiennent les Géraniums, dont il existe
plus de deux cents variétés, depuis le Géranium
écarlate, dont l'odeur est fétide, jusqu'au Géranium triste, qui exhale pendant la nuit un si
délicieux parfum. A cette famille appartiennent
également la vive Capucine, la tendre Balsamine
et la timide Violette, ce doux symbole de discré-
tion et de modestie.

A la famille des *malvacées* appartiennent les
Mauves, ces belles Roses trémières aux mille
couleurs dont il se fait maintenant de si charmantes et si nombreuses collections; le cacaoyer,
avec le fruit duquel se fait le chocolat, et le

13.

baobab ou calebassier, ce colosse du règne végétal, dont le tronc a souvent plus de cent pieds de circonférence. Le célèbre Adanson a observé en Afrique quelques-uns de ces arbres dont l'existence, d'après ses calculs, remontait à plus de quatre mille ans.

Les *magnoliées* sont une famille dont le genre badiane est le plus important ; c'est à lui que l'on doit ces semences connues sous le nom d'anis étoilé de la Chine.

Les *anonées* croissent, pour la plupart, dans l'Amérique septentrionale ; plusieurs fournissent des fruits délicieux, comme la pomme de cannelle, la cherimoya, qu'on cultive maintenant avec succès en Espagne.

Les *ménispermées*, qui viennent ensuite, croissent dans l'Inde et sont peu remarquables.

Les *berbéridées*, auxquelles appartient l'épine-vinette, ne le sont pas davantage, non plus que les *hermanniées*, dont tous les genres sont exotiques.

Les *liliacées* ne forment pas non plus une famille bien nombreuse ; mais elle comprend des arbres remarquables, les tilleuls, dont les fleurs, les baies, le bois, l'écorce, sont d'une si grande utilité.

Les *cistées*, les *rustacées* sont deux familles peu importantes de cette même classe ; mais il n'en est pas de même de la vingt-troisième et dernière famille de l'hypopétalie, celle des *cariophyllées*, comprenant ces belles et nombreuses variétés d'Œillets qui charment les yeux et embaument les airs : la Bourbonnaise, la Croix-de-Jérusalem ou de Malte, les Agrostèmes, les Béhens, la Nielle des blés, et enfin le Lin si utile à la santé des hommes.

QUATORZIÈME CLASSE

PÉRIPÉTALIE

Les *portulacées*, première famille de cette classe, doivent leur nom au genre *pourpier*, le principal de cette famille, qui n'offre rien de remarquable.

Les *saxifragées* forment une famille nombreuse dont quelques espèces contribuent à l'embellissement des jardins, comme la mignonnette, le gazon de Sibérie, deux charmantes petites plantes dont on fait de jolies bordures, et le rossolis à feuilles rondes, autre petite fleur dont les feuilles sont si irritables, qu'elles se crispent à l'instant au contact du corps le plus léger. Malheur à l'insecte qui vient s'y poser ! il périt, retenu par le suc glutineux qui les recouvre.

Les *crassulées*, que Linné appelait *plantes succulentes*, et auxquelles on a aussi donné le nom de *plantes grasses*, comprennent les crassules proprement dites et les joubarbes. Le premier genre n'offre de remarquable et digne des soins de l'horticulteur que la Crassule écarlate, originaire d'Afrique, jolie fleur très recherchée des amateurs, et le Rhodiola rosea, d'un aspect peu séduisant, mais dont les racines exhalent une délicieuse odeur de Rose. Les joubarbes forment un genre très nombreux. On cultive peu cette plante, qui n'offre rien d'agréable à la vue. Cependant, dans certaines contrées, on mange les feuilles de plusieurs espèces de joubarbes, et deux autres espèces, l'orpin et le poivre des murailles, ont été pendant fort longtemps et sont encore quelque peu de nos jours employées en médecine; mais quelle est la plante qui n'a pas eu cet avantage ou ce malheur? Le règne végétal tout entier n'a-t-il pas été la proie de ces prétendus guérisseurs? Est-il une pauvre petite plante qui ait échappé à leur barbarie; une contre laquelle ils n'aient employé le fer et le feu; une seule qu'ils n'aient hachée, disséquée, broyée? Heureusement cette férocité s'est amoindrie depuis quelques années; les médecins mutilent moins de plantes et leurs malades meurent un peu moins vite : que le ciel les fasse persévérer dans cette voie !

La famille des *cactoïdes* est aussi presque entièrement composée de plantes grasses. Rien n'est plus bizarre que les différents genres de cette famille. C'est à elle qu'appartiennent les cierges ou Cactiers, plantes admirables par la diversité de leurs formes, l'éclat, la beauté de

leurs fleurs, l'abondance de leurs sucs rafraî-
chissants, qui leur a fait donner, par Bernardin
de Saint-Pierre, le nom de *sources végétales du
désert*. Le nopal est l'espèce la plus intéressante
de cette famille : c'est sur lui qu'habite et qu'on
recueille la cochenille, insecte précieux à cause
de la belle couleur écarlate qu'on en tire. La
tige du cierge du Pérou qu'on cultive au Jardin
des Plantes, à Paris, est ronde, droite, et
s'élève à quarante pieds de haut; dans le cierge
à grandes fleurs, la tige est rampante, disposition qui lui a fait donner par les amateurs le
nom de grand cierge serpentaire. Enfin, c'est
dans cette famille que se trouve la plante
appelée glaciale, ou licoïde cristallin, nom
qu'elle doit à la transparence des vésicules
dont elle est couverte, qui la font ressembler à
de la glace.

Un des principaux genres des *onagrées*,
cinquième famille de la quatorzième classe,
sont les épilobes, remarquables par le mouvement de leurs étamines à l'époque de la fécondation. C'est à ce genre qu'appartiennent le
Laurier de saint Antoine et l'Epilobe à feuilles
étroites, dont les racines sont un mets fort
recherché dans certaines contrées. Un autre
genre de cette famille, l'Onagre bisannuelle,
concourt à l'ornement des jardins par deux
belles fleurs, l'Onagre à fleur rose, originaire
du Pérou, et l'Onacre à grandes fleurs, qui
vient de l'Amérique septentrionale. Enfin, à

cette famille importante appartiennent encore le santal, dont le bois aromatique est employé dans les parfums, et la macre, connue en France sous le nom de châtaigne d'eau, fruit d'un goût très agréable.

Les *myrtées*, sixième famille de cette classe, comprennent quelques arbres et arbrisseaux dont les fruits sont délicieux; le grenadier, le goyavier-poivre, le jambosier, sont de ce nombre. Le grenadier, qui croît naturellement en Afrique, a été cultivé avec succès dans le midi de l'Europe, où il s'est parfaitement naturalisé, particulièrement dans les contrées méridionales de la France. Il faut mettre aussi au nombre de ces précieux végétaux l'angolan du Malabar, qui atteint souvent plus de trente mètres de hauteur, et dont les fruits sont des plus savoureux; et puis encore le giroflier, dont les fleurs non écloses, connues sous le nom de *clous de girofle*, tiennent un rang si honorable dans les laboratoires du distillateur, du confiseur et de l'artiste culinaire. Enfin, à cette famille appartiennent le Syringa, dont on cultive deux espèces, l'odorante et l'inodore, et le Myrte, pauvre petit arbrisseau bien inoffensif bien modeste, dont on a fait le symbole de l'amour heureux, pour exprimer apparemment que l'amour satisfait est une chose assez triste, maussade, à laquelle conviennent l'ombre et le sommeil.

La famille des *mélastomées*, celle des *lythrées*

sont peu remarquables ; mais après elles viennent
les *rosacées*. Un volume ne suffirait pas pour
faire l'histoire de la Rose, et nous serions bien
pâle auprès de l'artiste et du biographe qui ont
si heureusement réuni leurs efforts pour donner
une âme à cette belle reine. Mais, pour être
moins brillante, notre tâche n'en est pas moins
douce ; s'ils ont fait un délicieux portrait du plus
bel enfant de la famille, ils n'ont rien dit des
autres : ils ont usé de leur esprit, de leur admirable talent ; ils ont fait de l'art et dédaigné la
science ; ils ont laissé aux savants les miettes
de leur table ; mais ce sont des miettes abondantes et savoureuses, car les rosacées comprennent les fraisiers, les framboisiers, les
pêchers, pruniers, abricotiers, amandiers, ceri-
siers, pommiers, poiriers. Ainsi, les rosacées
ne sont pas seulement l'honneur de nos jardins,
elles sont aussi l'honneur de nos tables ; c'est
la beauté et l'abondance : nulle part le parfum
et la saveur ne sont plus délicieusement et plus
intimement unis. N'est-il pas vrai que des couleurs veloutées de la pêche le disputent à la
Rose pour l'éclat ? Que de charmes, de volupté
dans ces formes arrondies !... Et la pêche n'a
point d'épines ; et la framboise fait pardonner les
siennes, non seulement par son parfum, mais
aussi par sa délicieuse saveur... Ah ! Roses, que
ne devez-vous pas au savant qui vous a mises en
si bonne compagnie ! Vous voyez bien, mes
belles, que la science est bonne à quelque chose :

grâce à elle, nul n'a le droit de vous exclure de
cette brillante et somptueuse réunion ; vous
êtes, comme la pêche, comme la cerise, comme
la fraise, etc., de jolies dicotylédones polypétales périgynes. Vos titres de noblesse sont
palpables, authentiques, nul ne peut les contester. Allez, soyez flattées, vantées, chantées,
et surtout ne faites pas fi de vos sœurs dont les
traits sont moins brillants que les vôtres, mais
dont le cœur est plus doux !

Après les rosacées se placent immédiatement
les *légumineuses*, nombreuse et bienfaisante
famille qui comprend les pois, les fèves, les
haricots, les lentilles, le caroubier, les bois de
teinture dits du Brésil, l'acacia, les genêts, les
tamariniers, la pistache de terre, dont les gousses,
après la fécondation, s'enfoncent dans le sol pour
y mûrir.

L'indigotier, membre de la même famille,
mérite une mention particulière ; c'est de lui
qu'on obtient cette belle couleur bleue qui
donne aux vêtements des dames une grâce, une
élégance que ne comporte aucune autre couleur.
L'indigotier est un charmant petit arbuste, originaire des Indes orientales, et qu'on cultive
avec succès aux Antilles et dans l'Amérique
méridionale. Lorsque les fleurs de l'indigotier
commencent à paraître, ce qui arrive trois mois
après qu'on la semé, on en coupe les feuilles ;
quarante ou cinquante jours après on en fait une
seconde récolte, puis une troisième, qui est

ordinairement la dernière, et alors on coupe tiges et feuilles. De ces feuilles et tiges on obtient, par le lavage, une fécule qu'on laisse fermenter, puis on la fait sécher, et elle forme ce beau bleu auquel la plante a donné son nom.

Napoléon, ce génie universel, voulant, par tous les moyens, ruiner le commerce anglais, tenta de faire remplacer l'indigo par le pastel, comme il avait remplacé la canne à sucre par la betterave. Le pastel donne en effet une belle couleur bleue, mais elle ne saurait être comparée à l'indigo : il n'est pas donné, même aux plus grands génies, de faire tous les jours des miracles.

D'autres plantes de cette famille fournissent d'excellents fourrages ; tels sont les sainfoins, les trèfles, les luzernes, etc., qui ont en outre la propriété de végéter sans altérer la terre qui les nourrit.

C'est aussi à la famille des légumineuses qu'appartient le genre mimosa, plantes qui présentent au plus haut degré les phénomènes du sommeil et de l'irritabilité des végétaux. C'est dans le genre mimosa que sont placées les sensitives proprement dites, l'acacia de Constantinople, celui de Farnèse, la sensitive grimpante, dont les gousses atteignent quelquefois la hauteur d'un homme, et l'acacia du Nil, qui produit la gomme arabique, unique nourriture des Maures et des Arabes dans leurs longs voyages à travers les déserts. Un morceau de cette gomme, gros comme une noix, et quelques gouttes d'eau, cela suffit pour vingt-quatre heures à la nourriture d'un enfant du désert. Et puis on s'étonne que ces peuplades, malgré leur ignorance, soient indomptables ! Les Espagnols sont le seul peuple de la terre dont la sobriété approche de celle des Arabes. C'était un objet de risée pour nos soldats, en Espagne, pendant la guerre de l'indépendance (1808 à 1814), de voir, à l'arçon de la selle des chevaux montés par les officiers espagnols, une chocolatière en guise de pistolets ; pourtant cette chocolatière nous était plus funeste que ne l'eussent été les meilleures armes offensives. Grâce à sa chocolatière et aux tablettes de chocolat contenues dans son porte-manteau, l'Espagnol n'avait pas à s'occuper de sa subsistance ; il n'avait besoin ni de rations de pain, ni de rations de viande, riz, sel, etc. Pendant une halte de dix minutes, il battait le briquet, mettait le feu à quelques broussailles, et faisait son chocolat, qu'il avalait aussitôt ; cela terminé, il pouvait se battre pendant vingt-quatre heures sans que son estomac l'obligeât à s'occuper d'autre chose. Il est donc bien vrai que l'estomac et le cœur sont antipathiques ; le dernier peut entraîner à bien des folies, le premier ne fait faire que des sottises.

Le cachou est encore un produit de la même famille, qui compte aussi parmi ses membres l'arbre de Judée et le baguenaudier commun, deux des principaux ornements des jardins d'une certaine étendue. ·

Enfin, la famille des légumineuses compte parmi ses membres le lotier pied-d'oiseau et le sainfoin oscillant. Ce fut le premier de ces végétaux qui fit soupçonner à Linné les changements qu'éprouvaient les plantes pendant la nuit. Cet homme de génie ayant remarqué, un soir, en se promenant dans son jardin, à Upsal, que les fleurs du Lotier avaient disparu, pensa d'abord qu'elles avaient été arrachées, et il passa outre ; mais quelle fut sa surprise lorsque le lendemain, dans le cours de la journée, il les retrouva sur la plante, aussi belles et aussi fraîches qu'avant leur disparition ! Il comprit qu'il s'opérait dans ces plantes un phénomène inconnu jusqu'alors, et pendant trois nuits entières il se tint en observation près des lotiers. Ce fut ainsi qu'il déroba à la nature son secret, et qu'il découvrit l'intéressant et étonnant phénomène du sommeil des plantes, que quelques-uns de ses devanciers avaient seulement soupçonné.

Le sainfoin oscillant n'est pas moins remarquable sous ce rapport que le Lotier. Cette plante, originaire des Indes, a des mouvements singuliers : les deux folioles latérales, continuellement agitées, décrivent un arc de cercle dans l'espace de deux minutes. Le plus ordinairement, l'une se porte vers le haut, tandis que l'autre s'abaisse. Ce mouvement se continue dans les feuilles détachées de la plante, et il peut même exister pendant plusieurs jours, si l'on a soin de mettre le pétiole dans l'eau. Chose plus remarquable encore, le mouvement cesse dès que l'époque de la fécondation de la plante est passée. Les Indiens attribuent à ces folioles des propriétés extraordinaires, et ils en composent des philtres... Ne nous en moquons pas trop : ces philtres-là pourraient être des cousins germains de nos tisanes.

Les *térébinthacées* forment aussi une famille d'une grande utilité à cause des beaux vernis qu'elles produisent ; c'est à cette famille qu'appartient le pistachier, dont les amandes vertes sont si fort en honneur chez les confiseurs et les glaciers.

On cultive, dans les contrées méridionales de l'Europe, deux espèces du genre pistachier, le lentisque et le pistachier térébinthe. C'est du premier de ces arbres que provient le mastic du commerce ; l'autre donne la térébenthine la plus recherchée, celle dite de Chio : les Orientaux la mâchent habituellement pour se parfumer la bouche.

Une espèce importante des térébinthacées, les balsamiers, fournit des baumes précieux, dont l'action stimulante sur l'économie animale est très active. Les plus importants sont le baume de la Mecque, ou baume blanc, et la résine élémi.

Deux autres résines non moins connues appartiennent à cette famille ; la première est l'encens qu'on retire du boswellia serata ; la seconde est le baume de tolu.

Ce sont encore les térébinthacées qui produisent la résine connue sous le nom de myrrhe, substance si précieuse dans l'antiquité, qu'aux dieux seuls s'offraient l'*encens* et la *myrrhe.*

Enfin, on cultive dans les jardins, comme objets d'agrément, le sumac amarante, le traçant et le glabre, tous trois de la même famille. L'écorce du glabre passa pendant quelque temps pour avoir des qualités fébrifuges presque aussi actives que le quinquina. Cette plante a-t-elle perdu ses qualités, ou bien ne les a-t-elle jamais possédées ? C'est ce que nous ne saurions dire ; mais toujours est-il qu'on ne l'emploie plus comme médicament. Nous l'avons dit : c'est, hélas ! le sort des plus beaux végétaux comme des plus humbles ; tous y ont passé, y passent ou y passeront, mais tous en sortiront. Ne voilà-t-il pas que l'on renonce à l'emploi du quinquina lui-même !.. Oui, mesdames, le quinquina, sur lequel on a appris de si belles choses ; le quinquina, qu'on a chanté sur tous les tons, sur tous les rythmes, le quinquina est détrôné... détrôné par l'arsenic !...

— Mais, disait-on au savant auteur de cette substitution, l'arsenic n'est donc plus un poison ?

— C'est toujours un des poisons les plus actifs, répondit le docteur, et c'est justement pour cela qu'il guérit...

— De la fièvre?

— Et de beaucoup d'autres choses!

Les *rhamnides*, dernière famille de cette classe, diffèrent peu des térébinthacées,; c'est à elles qu'appartiennent les jujubiers et les houx.

Dans le genre nerprun, de cette famille, se trouve le nerprun dont les baies servent à faire le vert de vessie, employé par les peintres; les fruits d'une autre espèce appartenant à ce genre donnent la graine dite d'Avignon, avec laquelle on fabrique une belle couleur jaune. Le bois de nerprun bourgène est préféré à tout autre pour la fabrication de la poudre à canon.

Le genre jujubier est exotique à l'Europe; l'espèce cultivée est depuis longtemps acclimatée dans la Provence et le Languedoc : c'est cette espèce qui produit les jujubes, fruit assez peu estimé parmi nous, mais dont on fait une assez grande consommation en Egypte. Ce doit être aussi dans ce dernier pays un fruit très substantiel, puisque l'histoire rapporte que l'armée d'Orphellus, traversant l'Afrique pour se rendre à Carthage, ne vécut que de jujube pendant ce long trajet.

QUINZIÈME CLASSE

DICLINIE

La première famille de cette classe se compose des *euphorbiées*, plantes généralement suspectes.

Elles varient beaucoup dans leur port, et contiennent la plupart un suc laiteux, âcre, caustique, qui peut donner la mort. Toutefois, ce principe se volatilise aisément, et les plantes qu'on a desséchées peuvent ensuite être employées sans inconvénient. C'est ainsi que la racine du manioc devient très salubre lorsqu'on a séparé sa fécule abondante du suc vénéneux dont elle est imprégnée ; on fait de cette fécule d'assez bon pain dans toute l'Amérique et dans une partie de l'Asie et de l'Afrique.

Le ricin, dont l'huile est employée à divers usages, appartient à la même famille. Le ricin commun, que l'on appelle *palma-christi*, est un bel arbre de dix mètres de hauteur, dont les feuilles palmées sont d'un très bel effet sur les côtes de Barbarie, d'où il est originaire ; mais ainsi que nous l'avons dit ailleurs, cultivé en Europe, le ricin n'offre plus qu'une plante herbacée annuelle. Cependant, si on l'abrite convenablement dans une orangerie quand viennent les grands froids, la tige, au lieu de mourir, durcit, persiste et devient ligneuse, ce qui prouve que la température seule a pu la réduire à la condition de plante herbacée. Mais ce n'est pas la seule singularité que présente le ricin : ses semences sont composées d'une substance blanche, ferme, laiteuse, analogue à celle des amandes ; ces semences recèlent une huile abondante, et cette huile peut être un comestible très agréable ou un poison très actif, selon le pro-

cédé qu'on emploie pour l'obtenir. Voici l'explication de cette espèce de phénomène : la
partie supérieure des grains, le tégument,
contient une substance émulsive, oléagineuse
et douce; mais la partie intérieure, où se trouve
le germe de la plante, contient un suc essentiellement vénéneux qui peut causer les accidents
les plus graves.

Si donc on presse cette graine modérément,
on obtient une huile délicieuse; mais si la pres-
sion atteint le germe de manière à en exprimer
le suc, l'huile qu'on en tire n'est plus qu'un médicament dont on ne peut faire usage qu'avec
toutes les précautions usitées pour les substances vénéneuses. Et remarquez, Mesdames,
que nous disons *médicament* pour ne pas avoir
l'air, nous profanes, de nous jeter un peu trop
à corps perdu dans l'opposition à l'endroit de
Messieurs de la Faculté, gens fort peu plaisants
de leur nature; toutefois, nous ne sommes pas
de ceux qui pensent que la parole a été donnée
à l'homme pour déguiser sa pensée, et nous
pensons qu'il est toujours sage de se défier de
ces gens dont les lèvres sont enduites de miel
et qui n'ont que le fiel dans le cœur.

Les *cucurbitacées* forment la deuxième famille
qui comprend les pastèques, potirons, con-
combres et melons... famille bien innocente,
n'est-ce pas? les melons surtout; chair fade trop
souvent, il est vrai, aqueuse, débilitante, d'une
odeur nauséabonde, mais, au demeurant, d'une

parfaite innocuité. Telle est l'opinion que nous formulions, il y a quelque temps, dans une réunion de naturalistes où l'on avait admis quelques profanes.

— Monsieur, nous dit un de ces derniers, je respecte votre opinion, mais je suis heureux de pouvoir le déclarer solennellement, j'exècre les melons.

Comme cela se passait vingt minutes avant l'heure fixée pour le banquet, ces paroles produisirent une certaine émotion, car c'était au mois de juillet, et l'odeur d'excellents melons, formant une partie des hors-d'œuvre, pénétrant jusque dans la salle de nos conférences, affectait agréablement les nerfs olfactifs de la majeure partie des savants réunis.

— Je vois bien que cela vous surprend, messieurs, reprit l'anti-meloniste, eh bien ! écoutez : J'avais un frère, c'était une nature d'élite, il était fort comme Hercule, penseur comme Montaigne et beaucoup plus savant qu'Aristote. C'était en 1824 ; il venait d'être reçu avocat et de se marier presque simultanément, et il avait établi son domicile à Paris, dans le quartier latin, rue Percée, n° 13. Le 23 août de cette fatale année, il allait se mettre à table avec sa jeune femme, lorsque celle-ci témoigna le désir de manger du melon.

— Mais je veux que tu l'achètes toi-même, dit-elle à son mari ; je n'en ai jamais mangé de bons que ceux que tu m'as apportés.

Mon malheureux frère était superstitieux, comme tous les gens d'un esprit supérieur : l'année précédente, à pareil jour, une voiture lui avait passé sur le corps, rue Dauphine, et heureusement guéri, il s'était promis de ne pas sortir de chez lui le jour anniversaire de cet événement; mais sa jeune femme insista et fit si bien qu'il sortit la tête nue pour aller au bout de la rue... A peine avait-t-il franchi le seuil de la porte cochère, qu'une masse énorme, lancée d'un cinquième étage, l'atteignit à la tête et le renversa. Quand on le releva, il était mort!... Et voici la cause de cet affreux malheur : un ouvrier, rentrant chez lui, avait acheté pour quelques sous un melon d'une énorme dimension; mais arrivé à sa mansarde, et ayant mis le couteau dans le monstrueux cucurbitacé, il s'en était exhalé une odeur infecte ; furieux de sa mésaventure, le malheureux avait lancé le melon par la fenêtre... Si le melon trop mûr n'était pas une horrible chose, je n'aurais pas à déplorer ce malheur, dont tout Paris s'est entretenu pendant vingt-quatre heures, pour n'y plus penser ensuite. Donc, les cucurbitacées sont en général de laides, monstrueuses et dégoûtantes choses; et qu'attendre d'ailleurs de ces tiges si lâchement rampantes, qu'il faut les arrêter violemment pour les obliger à produire quelque chose?...

Viennent au troisième rang les *urticées,* qui comprennent le houblon, cette plante dont on fait une si détestable liqueur connue sous le nom de *bière*; le poivrier, plante ardente et généreuse.

Et pourtant c'est un pauvre arbrisseau, délié comme la vigne, comme elle ayant besoin d'appui pour se développer, s'attachant aux arbres, serpentant le long de leurs branches, et laissant pendre ses fruits en petites grappes pressées. Cet arbrisseau au feuillage sombre, à l'apparence pauvre, est devenu, sous la main de l'homme, une production de haute importance et l'objet d'un immense commerce; c'est un aromate précieux pour l'art culinaire; il figure sur toutes les tables. C'est un stimulant énergique, bien supérieur au café sous ce rapport; mais il ne fait pas rêver comme le café, et il est de si doux rêves!

Le poivre n'est pas une découverte nouvelle, car Horace parle de cet aromate; mais on ne le trouvait autrefois qu'aux Indes orientales; depuis un siècle seulement il a été importé dans les colonies d'Amérique, en même temps que le muscadier et le giroflier, et, chose étrange! l'auteur de cette importation s'appelait Poyvre, ce qui a fait croire à tort qu'il avait donné son nom à cette substance.

En vérité, c'est quelque chose de honteux que notre ingratitude envers les hommes utiles qui ont rendu le plus de services à notre pays. Ainsi, nous savons les faits et gestes d'Alexandre et de Néron; Cartouche et Mandrin ont trouvé des historiens, et c'est à peine si nos biogra-

phies ont daigné admettre le nom de M. Poyvre
dans les longues colonnes de leurs fastidieuses
nomenclatures. On peut affirmer pourtant qu'il
n'est pas de citoyen dont la vie ait été mieux
remplie, et qui ait montré à la fois plus de dévouement à sa patrie et un désintéressement
plus grand. C'est tout un drame que la vie de
cet homme, et les péripéties terribles n'y manquent pas.

Né à Lyon en 1719, Poyvre, à vingt ans, ayant
terminé de longues et fructueuses études, se
rendit en Chine et de là en Cochinchine. Son
premier soin, dans ces pays, fut d'en apprendre
la langue, il y parvint en peu de temps, grâce
à sa haute intelligence et au zèle qu'il apporta à
cette étude. Il s'appliqua ensuite à recueillir
une foule d'observations qui devaient être précieuses pour son pays ; puis, impatient de doter
la France de ses découvertes, il s'embarqua
pour y revenir. Le navire qui le ramenait était
encore dans la mer des Indes, près du détroit
de Banca, lorsqu'il fut attaqué par un bâtiment
anglais de force supérieure. Le canon gronde,
le capitaine français donne des armes à tous
les passagers ; Poyvre refuse celles qu'on lui
offre.

— Vous êtes donc un lâche ? s'écria le capitaine indigné.

— J'espère vous prouver le contraire, répondit le jeune homme sans s'émouvoir.

Aussitôt, il jette son habit, son chapeau, et,

muni d'une petite pharmacie portative qui faisait partie de son bagage, il s'élance sur le pont :
les balles et les boulets frappent et renversent
tout ce qui l'environne, son calme ne se dément
pas ; il va, sous le feu le plus terrible, ramasser
les blessés ; il les panse sous une grêle de mi-
traille. Bientôt il est couvert de blessures, le
sang coule de toutes les parties de son corps.

Le capitaine court à lui :

— Pardon! s'écria-t-il en lui serrant la main ;
vous êtes le plus brave de tous... mais nous
allons tenter l'abordage ; descendez, je vous en
conjure !...

Pour toute réponse, Poyvre s'élance vers un
canonnier qui vient de tomber, au même instant, un boulet lui emporte un bras. Une heure
après, il était prisonnier des Anglais,

Conduit à Batavia, puis renvoyé à Pondichéry,
Poyvre put enfin s'embarquer de nouveau, et il
était heureusement arrivé en vue des côtes de
France, lorsqu'il tomba une seconde fois au pouvoir des Anglais ; il ne recouvra sa liberté
qu'en 1745.

Au milieu de toutes ces vicissitudes sur mer
comme sur terre, manquant de tout et en butte
à tous les périls, Poyvre, animé par le patrio-
tisme le plus pur, n'avait jamais négligé une
occasion d'ajouter au trésor de ses connaissances, et d'étudier particulièrement tout ce qui
se rattachait à l'histoire naturelle et au commerce des colonies. De retour dans sa patrie,

14.

il s'empressa de communiquer au gouvernement deux projets de la plus haute importance qu'il avait conçus ; le premier était d'ouvrir un commerce direct entre la France et la Cochinchine ; le second était d'enrichir les îles de France et de Bourbon des épices dont la culture avait été concentrée jusqu'alors dans les Molusques. On adopta ces projets, et Poyvre fut chargé de les accomplir.

Le projet réussit parfaitement ; le second était en voie d'exécution, et déjà le muscadier, le giroflier et le poivrier prospéraient à l'île de France, lorsque l'homme infatigable auquel on devait ces résultats fut fait prisonnier une troisième fois par les Anglais, qui le retinrent jusqu'à la paix conclue en 1761.

De retour à Paris, Poyvre fut nommé intendant des colonies, et le roi lui donna le cordon de Saint-Michel avec des lettres de noblesse. De 1767 à 1773, il administra les îles de France et de Bourbon, et il en répara tous les désastres. Parmi les hommes qui ont rempli un rôle éminent dans l'administration, il en est peu qui aient laissé une mémoire plus digne de vénération. En lui les vertus privées étaient la source des vertus publiques : au plus parfait désintéressement il joignait une équité scrupuleuse, une fermeté calme et une persévérance à toute épreuve ; les finances, les expéditions maritimes, l'administration de la justice, tout fut organisé par ses soins, conduit et perfectionné par son zèle. La science devrait lui être reconnaissante de ses efforts pour avancer ses progrès, et l'humanité, de ceux qu'il fit pour adoucir le sort des esclaves.

L'introduction des précieuses cultures de l'Inde dans les îles de France et de Bourbon n'est pas le moindre des bienfaits dont ces îles lui soient redevables. La France en recueille encore les fruits à l'île Bourbon et à la Guyane, où les plantes aromatiques sont autant de conquêtes pacifiques et fécondes qui doivent faire bénir la mémoire de Poyvre.

Revenu en France en 1773, ce grand homme se retira dans une maisonnette qu'il possédait sur les bords de la Saône, et y mourut en 1786, presque entièrement oublié de la génération sur laquelle il avait répandu tant de bienfaits.

Combien de prétendus savants se sont fait des noms retentissants et des fortunes colossales avec dix fois moins de connaissances acquises et de génie que n'en possédait Poyvre !... Le véritable homme de mérite se contente de sa propre estime ; il a la conscience de ce qu'il est, et cela lui suffit.

Mais nous voici bien loin de la famille des *urticées*, qui comprend encore les mûriers, qu'on pourra appeler *arbres à soie*, et les figuiers, dont le fruit est un des plus répandus sur la surface du globe : on le trouve dans tous les climats chauds, et là il se présente sous la forme d'un arbre élevé. Dans nos climats tempérés, ce n'est qu'un arbrisseau touffu; dans les pays froids, c'est un arbuste de serre chaude.

La culture du figuier est très ancienne; on en cultivait en Italie avant la fondation de Rome, et de temps immémorial on a récolté des figues dans le midi de la France. Parmi les nombreuses variétés de figuiers, on remarque le *figuier des Indes*; c'est un arbre immense, des branches duquel pendent de longs jets qui s'enfoncent dans la terre, y prennent racine, deviennent des arbres semblables au premier, lancent à leur tour d'autres jets qui ont le même résultat et qui envahissent le terrain, étouffent tous les végétaux qu'ils rencontrent.

D'une autre espèce appelé *figuier du Bengale* on obtient, par incision, une gomme élastique très recherchée.

Mais le plus généralement cultivé est le *figuier commun*; c'est celui auquel on accorde la préférence dans tous les pays méridionaux de l'Europe. Il donne deux récoltes par an, et comme tout le fruit d'une récolte ne mûrit pas simultanément, un seul figuier, s'il est fort, peut donner du fruit pendant toute la saison.

La figue est un fruit fort sain quand il a atteint toute sa maturité. On consomme une grande quantité de figues fraîches, mais la quantité qu'on en fait sécher est bien plus considérable; il est vrai que c'est le fruit qui, à l'état de conservation, présente le plus de qualités nutritives. La quantité de figues que l'on fait sécher en Provence est immense, et pourtant elle ne suffit pas à la consommation de la France, qui en tire encore de l'Espagne et du royaume de Naples.

Les anciens, qui faisaient d'autant plus de cas de la figue qu'ils ne connaissaient pas tous les excellents fruits que nous possédons aujourd'hui, ont fait des guerres terribles pour conquérir des pays, par la seule raison qu'on y trouvait l'olivier, la vigne et le figuier. Il paraît pourtant qu'alors, comme aujourd'hui, l'opinion générale souffrait d'assez nombreuses exceptions, et que les Grecs n'en faisaient point grand cas, ainsi que le prouve cette anecdote historique : Un riche Athénien se rendit un jour sur la place publique ; il y fit rassembler le peuple, puis, du haut de la tribune où il s'était placé, il s'écria : « O Athéniens ! j'ai à ma campagne, tout près des murs de la ville, un énorme figuier où plusieurs citoyens de cette ville se sont pendus. Si donc quelques-uns d'entre vous voulaient suivre cet exemple, je leur donne avis qu'ils aient à se hâter, car dans trois jours le figuier sera coupé et jeté au feu. »

De nos jours, Brillat-Savarin disait qu'il donnerait un melon pour une figue, et une figue pour un melon. Que les astronomes tirent la conclusion.

La quatrième famille de cette classe est celle des *amentacées*, à laquelle appartiennent les plus beaux arbres de nos forêts : chênes, châtaigniers, charmes, aunes, peupliers, bouleaux.

Tous les arts sont tributaires des amentacées; ils sont la richesse et la prospérité des États, et l'existence de ceux-ci y est même attachée. Cette observation n'avait pas échappé au ministre Colbert, qui disait souvent que la destruction des bois amènerait la perte de la France.

Le chêne est certainement une des productions les plus belles et les plus utiles de notre globe. S'il y a des arbres plus élevés et plus gros, il n'en est pas un seul qui offre un bois à la fois plus solide et plus facile à tailler ; aussi de tout temps a-t-il été l'emblème de la force. On reconnaît ses feuilles dentelées sur les plus anciennes médailles. Il croît lentement ; à peine au bout d'un siècle son tronc a-t-il un mètre de circonférence, et cependant on en voit souvent dont la circonférence est de onze à douze mètres, ce qui suppose onze à douze cents ans d'existence. De vieilles traditions révèlent que, dans les temps de barbarie, les hommes vivaient du fruit du chêne, qu'on nomme *gland*. Cela ne serait pas impossible, puisque parmi les variétés du chêne il en est dont le fruit est doux ; mais il ne faut pas, sur ce point, prendre à la lettre le rapport des historiens, car les anciens donnaient le nom de gland à tous les fruits des arbres de haute taille. La faîne s'appelait le gland du hêtre, la noix, le gland de Jupiter, etc.

Une variété remarquable du chêne est celle dont l'écorce épaisse et spongieuse est connue sous le nom de *liège*. Tous les neuf ou dix ans, cette écorce se fend, se détache d'elle-même, et elle est remplacée par une autre qui se forme en dessous. Un arbre peut donner ainsi jusqu'à quinze récoltes avant d'être épuisé. Le chêne-liège croît spontanément dans les parties méridionales de l'Europe; on en trouve beaucoup dans le midi de la France.

Le châtaignier mérite aussi d'être placé au premier rang des arbres les plus beaux et les plus utiles. Non seulement son bois est excellent pour la charpente, mais ses fruits forment la principale nourriture des habitants de beaucoup de pays. Dans plusieurs parties de la France, telles que le Limousin, le Périgord, les Cévennes, la Corse, les habitants des campagnes ne mangent pas d'autre pain que celui de châtaignes. Il en est de même dans les montagnes des Asturies, en Espagne; dans les Apennins, en Italie, et dans plusieurs cantons de la Sicile. La récolte des châtaignes est presque toujours très abondante, et elle ne manque jamais entièrement.

Sous le rapport de la beauté, le châtaignier ne le cède à aucun autre : son port est majestueux, et il arrive à une grosseur prodigieuse. Tel est celui que les voyageurs vont visiter sur le mont Etna, dont nous avons parlé plus haut, et qui n'a pas moins de quatre mille ans. On en voit un en France, près de Sancerre, dont le tronc a plus de dix mètres de circonférence, et qui est

âgé de plus de mille ans; il y a plus de six cents
ans qu'on l'appelait déjà *le gros châtaignier.*

Les aunes sont aussi d'une utilité générale.
Les saules forment une division considérable.
L'espèce la plus remarquable est le saule pleureur, dont les branches, en retombant, font de
si belles arcades de verdure.

Parmi les peupliers, qui sont aussi fort nombreux, on distingue le peuplier d'Italie, celui
du Canada, celui d'Athènes, et le peuplier
baumier, dont on tire une substance odorante
connue sous le nom de tacamahaca.

Les bouleaux se trouvent jusque vers le pôle
arctique, où ils sont les derniers vestiges de la
végétation ligneuse. Leur sève est, pour les
Kamtschakales, une boisson délicieuse. Dans
l'Amérique septentrionale, les habitants em-
ploient l'écorce du bouleau pour faire des
barques et des pirogues. En France, on en fait
des sabots et des balais.

Enfin, c'est aussi aux amentacées qu'appartient
le cirier, arbrisseau originaire de l'Amérique,
dont le fruit contient une assez grande quantité
de cire. Il s'est parfaitement naturalisé dans le
midi de la France; mais jusqu'à présent il n'a
été considéré que comme plante d'agrément, et
l'on n'a pas tenté d'en tirer un parti avantageux.

La dernière famille est celle des *conifères*, ou
arbres toujours verts, à la tête de laquelle il
faut placer le cèdre majestueux qui élève sa tête
dans les nues; le second rang appartient aux

sapins, ces fiers enfants du Nord ; le pin se place ensuite, puis les mélèzes, les cyprès, les ifs et l'éphédra, derniers et humbles enfants de cette famille de géants.

Ici finit la tâche du botaniste, que nous quittons pour entreprendre celle de l'horticulteur. Après avoir tenté de faire connaître les plantes, nous essayerons de dire comment naissent les plus jolies, l'éducation qui leur convient, les dangers dont il faut les garantir, les défauts dont il importe de les corriger. Nous ferons de l'hygiène, de la pathologie, de la thérapeutique de parterre, et là, au moins, nous ne serons pas forcé d'avoir recours à un langage barbare pour raconter et faire comprendre de douces et gracieuses choses.

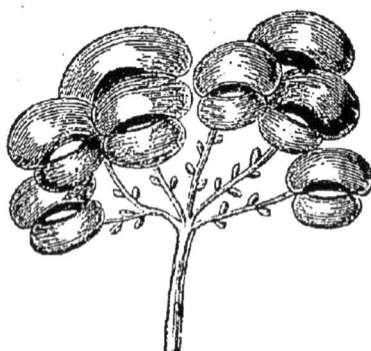

Calcéolaire.

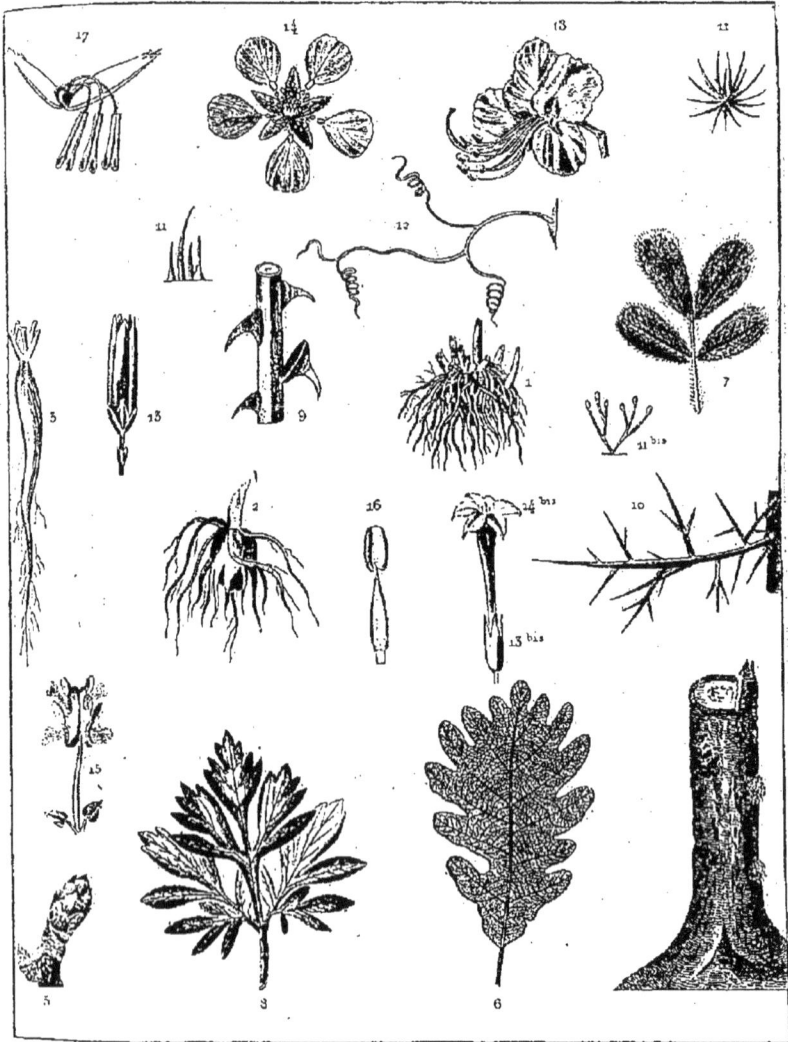

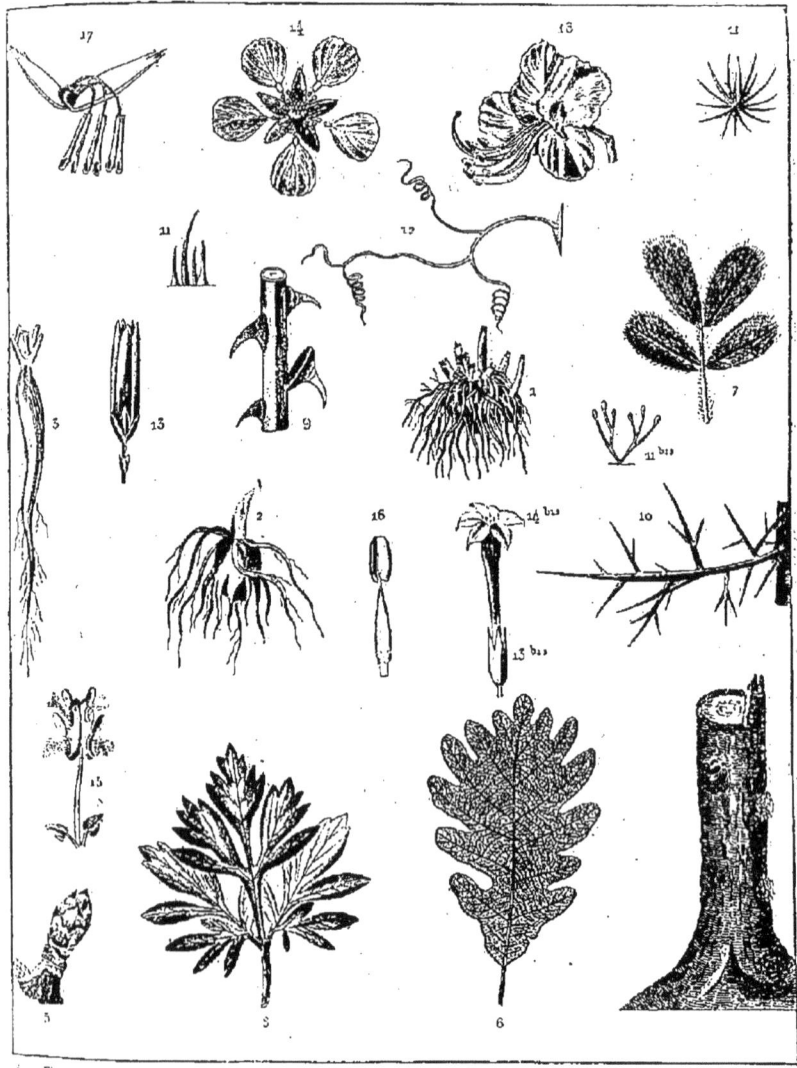

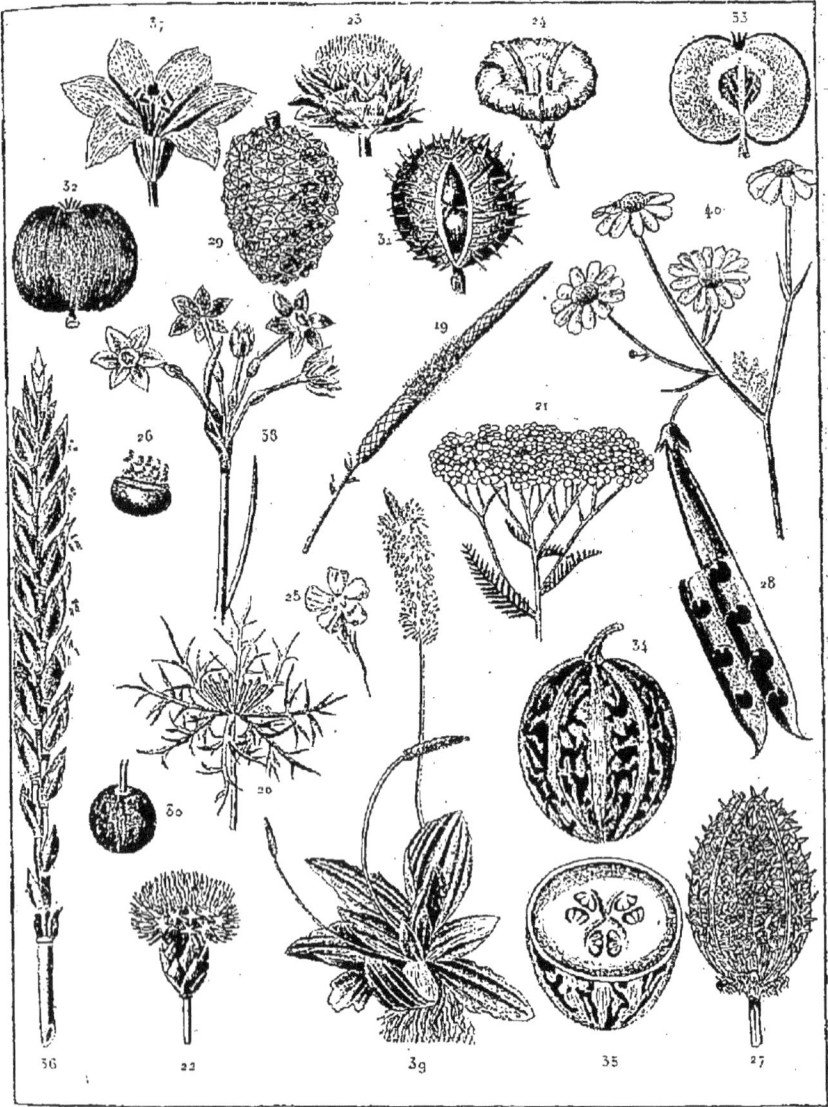

HORTICULTURE DES DAMES

INTRODUCTION

PAR

ALPHONSE KARR

N'AUREZ-VOUS donc jamais, Mesdames, aucune pitié de ces pauvres Fleurs, le tribut le plus ordinaire que l'on apporte à vos pieds? — Ne songez-vous jamais qu'on les sépare de leur tige, et qu'on se hâte de vous les livrer pour que vous les voyiez mourir, — pour que vous respiriez leur dernier soupir parfumé?

Celles que je plains le plus ne sont pas celles qu'on vous donne en bouquet : celles-là reçoivent du sécateur une mort assez rapide ; — mais que dirai-je de ces pauvres malheureuses qu'on vous offre en pots ou en caisses, avec un peu de terre au pied, et dont l'agonie est si longue et si douloureuse! — Avez-vous

donc quelque cruel plaisir à les voir souffrir
ainsi ? — Les poètes dont les vers s'enroulent
autour des mirlitons ou se plient en quatre dans
les diablotins, à force de vous dire qu'elles
sont vos rivales, vous ont-ils inspiré contre
elles de mauvais sentiments?

Elles, vos rivales! elles ne font qu'ajouter à
votre beauté, — elles qui, en foule, viennent
mourir chaque jour dans vos cheveux et sur
votre sein, ou, mort plus cruelle ! oubliées sur
le marbre d'une console, — ou sur le velours
d'une banquette — au bal ou au théâtre ?

Non, il est impossible que vous n'aimiez pas
les Fleurs, impossible que vous n'ayez pas
quelquefois le désir de soulager celles qui
jaunissent, se fanent et meurent dans vos jardi-
nières ; — mais pour cela, il faut apprendre un
peu, — car l'eau qui sauvera l'une en humectant
son pied sera mortelle pour l'autre et la noiera ;
— celle-ci aime l'air et celle-là la chaleur. —
Le Tussilage, l'Héliotrope d'hiver, meurent de
ce qui fait fleurir le Camélia, — de la chaleur
de vos appartements.

Ne s'attacherait-il pas quelque chose qui
tiendrait de l'amitié à la plante qui fleurirait
chez vous pour la seconde fois ? — à celle qui
vous devrait ses éclatantes couleurs et ses
suaves parfums ? — On aime ceux à qui on fait
du bien. Les moralistes ont dit cent sottises en
exigeant du dévouement de l'obligé, — c'est le
bienfaiteur qui a tout le bonheur du bienfait,

c'est lui qui doit et qui a la reconnaissance. —
S'il l'attend, c'est un fou ; s'il l'exige, c'est un
usurier.

Cette Fleur que j'ai soignée, cette plante qui
se penchait faible et languissante, à laquelle j'ai
rendu la vie et la santé, — ce n'est plus une
plante ni une Fleur, c'est ma Fleur et ma plante
à moi.

L'ombre est plus douce sous ces arbres que
j'ai plantés moi-même ; — cette belle Glycine
aux grappes bleues si odorantes qui tapisse ma
maison, je songe que c'est moi qui l'ai rendue si
vigoureuse et si bien portante ; — c'est moi qui
lui ai mis au pied cette bonne terre de bruyère
qu'elle aime ; c'est moi qui l'ai palissadée au
midi ; — ses parfums m'appartiennent mieux et
j'en jouis davantage ; elle a l'air si heureux, sa
végétation est si luxuriante !

Voilà une douce science, — une science permise, — une science que le cœur cherche.

Ce n'est pas comme la botanique, — qui
vous apprend à dessécher les Fleurs et à les
injurier en grec.

L'horticulture vous enseigne à les rendre
plus belles et plus heureuses.

Reprenez aux hommes ce qu'on appelle en
province *le sceptre de Flore*. — Ce n'est pas
une femme qui aurait jeté ces pauvres Fleurs
dans les agitations politiques et dans les fureurs
des partis !

Le Lis et la Violette ont été tour à tour

15.

triomphants et proscrits ; — l'impériale a été guillotinée en 1815. — Ce n'est pas une femme qui ferait jouer ce rôle ridicule aux Œillets rouges, — au moyen desquels certains hommes réussissent à faire croire, à dix pas, qu'ils sont décorés, et à faire voir, à trois pas, qu'ils sont des sots.

Créer des Fleurs, — c'est le seul ouvrage pour lequel Dieu accepte des collaborateurs. — L'art a créé des Fleurs ; — quel doux orgueil s'il naissait une plante nouvelle semée par vous, — une plante qui n'existerait que dans votre jardin, — dont personne ne verrait les couleurs et ne respirerait les parfums que ceux à qui vous les donneriez, comme Dieu a donné les autres plantes à tout le monde.

Que d'autres savants découvrent une nouvelle planète qui ne nous donne rien, ni chaleur ni lumière, — mais qu'une femme découvre et crée une Rose inconnue qui nous donnera un parfum nouveau.

J'ai connu deux amants qui, désunis par une triste destinée, — sont morts tous deux sans se revoir, après une longue séparation. Ils ne pouvaient s'écrire, — mais je ne sais lequel des deux eut une idée ingénieuse : sans exciter de soupçons, ils échangeaient de loin les graines des Fleurs qu'ils cultivaient ; — ils savaient qu'à deux cents lieues de distance, — ils prenaient les mêmes soins, — voyaient les mêmes Fleurs s'épanouir dans la même saison et le même jour ; — ils respiraient les mêmes odeurs. — Ç'a été un bonheur, et le seul bonheur de toute leur vie.

ALPHONSE KARR.

La Valériane.

—

PREMIÈRE PARTIE

PRINCIPES ÉLÉMENTAIRES

Cultiver les Fleurs, dans un jardin, sur une terrasse, aux balcons des fenêtres et même dans l'intérieur des appartements ; voir naître, se développer, s'épanouir ces beaux enfants du soleil ; guider leurs premiers mouvements, les soutenir, pourvoir à leurs besoins, à leur sûreté ; être témoin de leurs chastes amours, recueillir et protéger leur nombreuse postérité, est un des plus doux et des plus innocents passe-temps qui se puissent imaginer. Il y a là de délicieuses émotions pour chaque mois de l'année, pour chaque jour du mois, pour chaque heure du jour. Ce doit être et c'est en effet le délassement des belles âmes, des cœurs purs et des nobles intelligences.

A ces charmants travaux nous nous proposons d'initier les profanes qui jusqu'ici se sont con-

tentés d'admirer les Fleurs, de se laisser éblouir
et embaumer par elles. De blanches mains, de
jolis doigts aux ongles rosés y perdent bien
momentanément quelque peu de leur éclat, mais
cet inconvénient passager doit avoir de si nombreuses et de si ravissantes compensations, que
les plus belles mains du monde s'y risqueront.

TERRES

Trois sortes de terres sont employées dans
la culture des Fleurs, savoir : la *terre franche*,
la *terre légère* et la *terre de bruyère*. La terre
franche a pour base l'argile. Elle se trouve partout ; elle est parfois jaunâtre, quelquefois grise ;
mais elle ne s'emploie presque jamais pour les
Fleurs sans être mélangée de terreau, car sans
mélange elle serait trop forte, c'est-à-dire trop
compacte, et par conséquent trop froide pour
la plupart des Fleurs.

La terre légère ou sablonneuse n'est autre
chose que la terre franche ou végétale, mêlée
de sable et de détritus de végétaux ; le sable
qu'elle contient la rend meuble et poreuse ; modifiée par le terreau, elle est, pour beaucoup de
Fleurs, d'une grande fécondité.

La terre de bruyère est la plus convenable et
la plus généralement employée pour la culture
des Fleurs ; elle est le résultat du détritus des
masses de bruyères qui végètent sur le sable,
s'y mêlent et le rendent très fertile. Cette terre

convient particulièrement aux Fleurs à racines bulbeuses.

En général, les terres qu'on se propose d'employer à la culture des Fleurs doivent être préalablement ameublies et passées à la claie, afin qu'il ne s'y trouve ni pierres ni autres corps étrangers.

Le terreau est à peu près le seul engrais nécessaire à la culture des Fleurs ; il y en a de deux sortes : celui qui provient de la décomposition des matières animales, et celui qui résulte de la décomposition des matières végétales. Le premier convient plus particulièrement aux arbustes et aux plantes à racines fibreuses ; le second est excellent pour les plantes à oignons et convient à toutes les plantes bulbeuses.

Dans un jardin, il ne s'agit toujours que de modifier la terre qui s'y trouve ; mais quand on veut garnir de Fleurs une terrasse, un balcon, une simple fenêtre, tout est à faire. Le meilleur, le plus sûr, dans ces circonstances, est d'acheter la terre nécessaire chez les jardiniers fleuristes de profession, où toutes les sortes de terres et d'engrais se trouvent à profusion. A Paris, les quatre marchés aux fleurs en sont toujours abondamment approvisionnés, et les marchands grainiers en réputation, non seulement en vendent, mais en enseignent très volontiers la manipulation.

EXPOSITIONS

L'exposition du midi convient aux plantes et racines bulbeuses ou à oignons, toutes les plantes de pleine terre à racines fibreuses se plaisent au levant, quelques-unes de ces dernières réussissent également au couchant; on ne peut guère cultiver, à l'exposition du nord, que les arbustes toujours verts, et certaines Fleurs qui craignent le soleil, comme les Primevères, les Pervenches, les Oreilles-d'ours, etc. Dans tous les cas, l'exposition du midi est la préférable, parce qu'on peut aisément ajouter, aux avantages qu'elle possède, ceux des autres expositions, au moyen des tentes, des abris et des arrosements.

On ne doit pas oublier que l'air et l'eau sont aussi indispensables à la végétation que le soleil; ainsi, une plante qui s'étiolera à la fenêtre, d'un premier étage, recouvrera toute sa force, sa beauté, deux étages plus haut : c'est ce qui fait que les fenêtres du pauvre, dans les grandes villes, sont toujours plus brillantes, sous ce rapport, que celles du riche, de même que les enfants du village sont plus robustes, plus vigoureux que ceux des villes.

A Paris, il n'est pas rare de voir des maisons de cinq, six, huit, dix étages (celles traversées par le passage Radzivil, par exemple), au sommet desquelles se trouvent des terrasses plombées, offrant l'aspect et étant en effet de charmants jardins, ornés des plus belles Fleurs et même d'arbres fruitiers d'une grande fécondité. Et puis, il en est des plantes comme de certaines jolies personnes : elles ne sont pas exemptes de caprices, de bizarreries ; celle qui, cultivée avec soin, sera chétive et souffrante, poussera des jets vigoureux dans la fente d'un mur où le vent aura jeté un peu de poussière et le ciel un peu d'eau.

Hâtons-nous de dire toutefois que c'est là l'exception, et que les soins donnés aux Fleurs et aux femmes sont rarement perdus.

POTS, CAISSES, INSTRUMENTS

Bien que certaines Fleurs se plaisent mieux en pleine terre que partout ailleurs, il n'en est pas cependant qu'on ne puisse cultiver avec succès en caisses et en pots, pourvu que ces vaisseaux soient bien construits et d'une capacité suffisante. Le vase peut être plus grand qu'il ne faut sans danger; mais s'il est trop petit, si la racine est gênée, la plante souffre et meurt; pour les petites plantes, le vase doit avoir de quinze à dix-huit centimètres de diamètre. A partir de là, il faut que la largeur et la profondeur soient graduées selon la force de la plante. Le pot, comme la caisse, doit être percé au fond pour faciliter l'écoulement de l'eau, et il est bon, avant d'y mettre la terre, de placer sur le trou une écaille d'huître ou quelque morceau de poterie un peu convexe, pour que l'eau s'échappe plus facilement. Dans les pots ou dans les caisses destinés aux plantes qui craignent l'humidité, on placera, au fond, une couche de plâtre de sept à huit centimètres d'épaisseur. C'est une méthode excellente, généralement suivie par les jardiniers fleuristes de Paris, qui sont les plus habiles du monde, et c'est la présence de ce plâtre bienfaisant qui a fait croire aux amateurs peu éclairés de la capitale que ces jardiniers mettaient de la chaux au pied des plantes qu'ils exposaient en vente, afin qu'elles périssent promptement, et qu'on fût obligé de revenir plus souvent à la charge. La chaux morte, au fond d'un pot, serait peu dangereuse, elle pourrait même avoir quelquefois de bons résultats. Il en est de cette substance comme du sel : on l'a trop longtemps calomniée. Autrefois, quand un noble était condamné pour crime de haute trahison, on brûlait ses armes, on rasait ses châteaux, on coupait par le milieu du tronc les arbres de ses forêts, et l'on semait du sel sur ses terres afin de les rendre à jamais stériles. Heureusement *nous avons changé tout cela*, et le sel est aujourd'hui un des plus puissants engrais qui se puissent employer.

Il y a des caisses de plusieurs sortes, des caisses mobiles et des caisses à demeure. Les caisses mobiles sont employées de la même manière que les pots ; c'est-à-dire que la caisse, construite solidement, revêtue d'une ou de deux couches de peinture à l'huile, afin d'avoir moins à redouter les effets de l'humidité, doit avoir une capacité proportionnée à la plante qu'on veut y placer. S'il s'agit d'une plante vivace de

grande dimension, d'un arbustre ou d'un arbrisseau, la caisse devra être faite à panneaux
mobiles, afin qu'il soit facile d'en changer la
terre, lorsque cela est nécessaire, sans blesser
les racines.

Les caisses à demeure, que l'on appelle aussi
caisses-parterres, contiennent ordinairement un
certain nombre de plantes ou arbustes ; on les
construit le plus ordinairement sur les balcons.
Ces caisses, dont la dimension dépend du lieu
où on les construit ou de la fantaisie du cons-
tructeur, ne doivent pas avoir moins de cinquante centimètres de profondeur. Elles offrent,
quand elles sont assez vastes, tous les avantages
de la pleine terre.

La caisse construite, ce qui est la chose la
plus simple du monde, on la garnira de la terre
la plus convenable aux plantes que l'on se pro-
posera d'y placer ; mais si l'on voulait y mettre
des plantes diverses dont la culture demande
des terres différentes, on la remplirait de terre
ainsi mélangée : terre franche, cinq dixièmes ;
terre légère, trois dixième ; terre de bruyère,
deux dixièmes ; le tout bien mêlé, et modifié de
temps en temps par un peu de terreau.

Si la caisse-parterre est placée à l'exposition
du midi, il faudra agencer à un mètre et demi
au-dessus une petite tente qui puisse se dé-
ployer facilement, afin de garantir les Fleurs des
ardeurs du soleil vers le milieu du jour. Cette
tente, faite en toile imperméable, peut aussi

servir à garantir les plantations des pluies trop fréquentes ou trop abondantes, et des brouillards froids de l'automne.

Aux approches des grandes gelées, on garnira les côtés de la caisse, en dehors, avec du fumier de cheval, et l'on couvrira la surface de paille sèche et brisée, en ayant soin d'enlever cette couverture de temps en temps à l'heure où le froid sera le moins vif, afin que les plantes ne soient pas entièrement privées d'air.

Les instruments nécessaires à la culture des Fleurs dans ces proportions sont peu nombreux : deux arrosoirs, quelques cloches de verre, une serpette, un greffoir, un sécateur, instrument à deux lames, dont on se sert d'une seule main, et qui peut remplacer la serpette ; un transplantoir et une houlette pour faire l'office de bêche ; voilà tout, et cela est trop connu, d'un maniement trop facile, pour qu'il soit nécessaire d'en donner ici la description.

SERRES

Les plantes en pots ou en caisses mobiles ne pourraient supporter la gelée comme elles la supporteraient en pleine terre ; car, dans ce dernier cas, la gelée n'a de prise que sur la surface, tandis que les pots et les caisses en sont frappés de tous les côtés. Il est donc nécessaire de les placer, pendant la mauvaise saison, dans une serre froide ou orangerie où la température ne soit jamais moindre de trois degrés au-dessus de zéro. A défaut de serre, on pourra facilement disposer une chambre de manière à ce qu'elle en tienne lieu. Il suffira que cette chambre soit bien éclairée, point humide et assez grande pour que les plantes y soient à l'aise. La cheminée, s'il y en a une, sera bouchée, et l'on placera au milieu de cette pièce un poêle, à l'aide duquel on entretiendra une température à peu près égale, sans jamais dépasser cinq degrés centigrades au-dessus de zéro. L'eau avec laquelle on arrosera les plantes de temps en temps devra être au même degré que l'atmosphère de la chambre. La chambre-serre ne doit pas être habitée, les personnes et les plantes se trouveraient également mal d'une co-habitation. L'air de la serre doit être souvent renouvelé, et l'on choisit pour cela le moment de la journée où le froid est le moins vif. On ouvre alors les fenêtres, en ayant soin de con-sulter le thermomètre. L'expérience apprendra aisément quelles sont les plantes auxquelles le grand jour est le plus nécessaire, et celles-ci seront placées près des fenêtres.

On pourrait encore faire construire ce que l'on est convenu d'appeler des serres-fenêtres; mais cela est dispendieux, dangereux et incom-mode. Cependant il est facile de convertir, sans inconvénient, en serres les fenêtres à doubles croisées entre lesquelles la distance serait assez grande.

Au reste, il ne saurait y avoir sur ce point des règles particulières; c'est le cas de prendre conseil des circonstances, des localités, des dispositions, etc.

MULTIPLICATION DES PLANTES

On a vu dans la botanique que toute graine renferme le germe d'un végétal aussi complet que celui qui l'a produite, et qu'il suffit de confier cette graine à la terre pour que la reproduction s'accomplisse; mais les plantes ne se reproduisent pas seulement par ce moyen : la vie est si puissante en elles, elles sont si heureusement douées, que presque chacune de leurs parties est un tout qui ne demande pour se développer qu'un peu de terre, d'air et de soleil; ainsi, indépendamment de la reproduction par semis, les plantes se multiplient par caïeux, par bulbes, œilletons, rejetons, boutures, éclats de racines, marcottes, greffes, etc.

MULTIPLICATION PAR GRAINES

Ce moyen de reproduction est le plus naturel, mais il est aussi le plus lent. C'est par semis qu'on obtient des variétés de la même espèce; les sujets obtenus de cette manière s'acclimatent mieux au lieu qu'on leur assigne;

ils sont plus vigoureux que ceux résultant des autres procédés; ils vivent de leur vie propre, tandis que la vie des plantes obtenues de toute autre manière est en quelque sorte entée sur celle d'autres sujets. Mais il est fort difficile de se procurer de bonnes graines, même chez les marchands les plus renommés. Le plus sûr est de les récolter soi-même et de les étiqueter soigneusement, afin de ne pas éprouver de ces déceptions d'autant plus fâcheuses que le mal est sans remède. En voici un exemple entre mille.

Mme la baronne de X..., charmante personne, accoutumée à voir tous les obstacles disparaître devant sa volonté, s'était tout à coup senti une vive passion pour l'horticulture. C'était au commencement du printemps, et devant les appartements de la baronne s'étendait une belle terrasse. Des caisses-parterres sont construites sous les yeux de la noble et belle jardinière; elle-même les garnit de terre parfaitement choisie; puis elle fait acheter des graines, et la voilà manœuvrant la houlette et le plantoir, et semant serré, sauf à élaguer ensuite. Les graines lèvent à merveille; la baronne est enchantée; c'est avec la tendresse d'une mère qu'elle veille sur ces pauvres petites plantes dont elle attend de si belles Fleurs. « Toutes mes bordures, disait-elle, sont en Pieds-d'alouette doubles et variés : au centre l'Hortensia, la Digitale, les Pivoines, etc... Ce sera charmant... et tout cela me devra la vie! »

Elle trouvait que les jours passaient trop lentement; mais elle se disait que tout arrive à point à qui sait attendre, et elle s'efforçait de faire taire son impatience. Les plantes grandissaient; les caisses semblaient couvertes d'un tapis de verdure; mais les premiers jours de juin arrivèrent et les Fleurs ne paraissaient pas. Mᵐᵉ de X... reçut à cette époque la visite d'un savant horticulteur; elle voulut avoir son avis sur ses plantations, savoir la cause du retard de la floraison, et elle le conduisit sur sa terrasse. Au premier aspect l'horticulteur ne peut retenir un éclat de rire.

— Pardon, belle dame, dit-il ensuite; mais, pour Dieu, qu'avez-vous semé là?

— Du Pied-d'alouette qui doit être superbe, des Pivoines, de...

— En ce cas, il faut que quelque sorcier ait passé par là, car vos bordures sont de très belles carottes; je vois au centre des radis noirs d'une végétation très satisfaisante, des oignons de cuisine de la plus belle espèce, et...

— Mauvais plaisant!

Pour toute réplique, le savant se baissa et arracha de petites carottes très bonnes à mettre en ragoût; de petits oignons propres au même usage, et quelques radis d'une assez belle venue. Le désappointement fut tel, qu'elle renonça à l'horticulture et fit sur-le-champ enlever les caisses.

Le temps le plus convenable pour semer est

le printemps : les graines nouvelles donnent en général des sujets plus robustes, plus sains, d'une végétation plus vigoureuse que les vieilles ; mais les Fleurs de ces derniers ont plus d'éclat, et l'on en obtient plus facilement des variétés, pourvu toutefois qu'elles aient été conservées avec soin à l'abri de l'humidité.

Les graines fines se mêlent avec du sable fin, ce qui aide à les semer également ; on frotte dans ce sable les graines qui sont garnies de poils et d'aigrettes. La terre étant bien préparée, nettoyée et ameublie, on sème les graines fines à la surface, puis on appuie dessus avec la main, le pied ou une planche ; ensuite on arrose légèrement et on recouvre d'une petite couche de terreau. Les graines grosses, comme les pois, les haricots d'Espagne, etc., se plantent par une, deux ou trois, dans des trous faits avec le plantoir à quatre ou cinq centimètres de profondeur ; on arrose, puis on remplit le trou de terre mêlée de terreau. Les semis en terrines et en pots ont cet avantage qu'on peut les arroser en dessous en plongeant dans l'eau le vase jusqu'au tiers de sa hauteur ; le fond du vase étant percé, l'eau monte doucement dans la terre et active singulièrement la végétation. Soit que l'on sème pour rester en place ou pour relever le plan et le repiquer, les soins à donner sont les mêmes.

Les grosses graines germant plus lentement que les petites, on peut en hâter la germination en les faisant tremper dans l'eau pendant vingt-quatre heures avant de les mettre en terre. S'il s'agit d'un semis de noyaux, il faut les faire stratifier pendant plusieurs mois avant de les employer. Pour cela, on met dans un baquet un lit de noyaux sur une couche de sable fin : on les recouvre d'une autre couche de sable, et ainsi de suite. Cela se fait en automne. Lorsque le froid commence à se faire sentir, on place le baquet à la cave. On arrose fréquemment. Au printemps, les noyaux sont germés et on peut les planter.

Les graines d'un certain nombre de plantes ayant besoin pour germer d'une chaleur plus grande que celle de la température ordinaire du printemps, les jardiniers qui cultivent en grand les sèment sur couches. Dans les petits jardins, sur les terrasses et les balcons, on pourra remplacer les couches par un procédé très simple : au milieu d'une caisse-parterre, on pratiquera un trou de deux mètres de circonférence ; on l'emplira aux deux tiers de fumier de cheval bien tassé, puis on achèvera de le remplir avec de la terre franche mêlée de terreau, et on sèmera dessus. C'est ce qu'on appelle *semer sur capot*. Il faudra arroser peu et souvent. Si la plante est délicate, on la couvrira d'une cloche qu'on lèvera très peu d'abord, vers le milieu du jour, puis successivement un peu plus, jusqu'à ce qu'elle ait acquis assez de force pour supporter l'air libre. C'est alors seulement qu'on pourra la transplanter sans danger.

La transplantation ne se supporte pas également bien par toutes les plantes. Il sera donc nécessaire de semer les plus délicates dans de de petits pots que l'on enterrera ensuite dans le *capot* jusqu'au niveau de leur bord supérieur; on les gouvernera comme il est dit ci-dessus jusqu'à ce qu'elles soient assez fortes pour supporter l'air libre; alors on déterre le pot, on le casse avec précaution et l'on met la plante en place avec toute la terre qui l'environne.

Il n'y a pas de règles fixes pour la profondeur à laquelle on doit mettre les graines dans la terre : ainsi que nous l'avons dit, les graines fines doivent être simplement jetées sur la terre, que l'on bat légèrement ensuite et que l'on arrose après l'avoir légèrement couverte d'un peu de terreau ou de paille hachée; quant aux graines que l'on enterre, il vaut mieux qu'elles ne le soient pas tout à fait assez que de l'être trop; car, dans le premier cas, on peut les rehausser, tandis que, dans le second, elles pourrissent. Pour les graines de la grosseur du haricot, une profondeur d'un peu moins de deux centimètres est suffisante.

MULTIPLICATION PAR CAÏEUX

Tout est dans tout, a dit un philosophe moderne. Le paradoxe est peut-être un peu bien osé; mais il y a aujourd'hui tant de belles et grandes vérités qui ont été longtemps à l'état de paradoxe, qu'on peut bien donner droit de cité à celui-là. *Que sais-je ?* disait Montaigne; et que savons-nous de plus aujourd'hui? Nous sommes entourés d'assez de merveilles pour ne pas croire à l'impossible. Voyez cette Tulipe parée des plus riches couleurs; dans quelques jours, sa brillante corolle tombera, le soleil mûrira la graine qui aura succédé à la Fleur; chacune de ces graines donnera une Tulipe semblable à celle qui a vécu. Mais ce n'est pas tout: arrachez la racine, détachez de l'oignon principal les petits oignons qui y sont adhérents et qu'on nomme *caïeux*, et chaque caïeu donnera encore une Tulipe, et la Fleur n'en sera pas moins belle.

Toutes les plantes à oignons produisent des caïeux qu'il suffit de planter à la saison suivante pour en obtenir des sujets qui ne cèdent en rien à la plante mère; mais il est important de ne séparer les caïeux de l'oignon qu'au moment de les replanter, car non seulement ils se conservent mieux, mais ils s'améliorent tant que dure leur union.

On appelle aussi caïeux les petites pattes ou griffes qui croissent sur les grosses, comme chez les dahlias, les renoncules, etc.

Les oignons, lorsqu'on les retire de la terre, doivent être soigneusement étiquetés, afin que, si l'on fait des plate-bandes, il soit facile d'alterner les nuances de la manière la plus agréable à l'œil.

MULTIPLICATION PAR BULBES

Les bulbes, bulbilles ou saboles, sont de petits corps ronds et charnus qui, chez les plantes bulbeuses, naissent aux aisselles des feuilles, au bas de la tige, et quelquefois à la racine. Ces bulbes se détachent, se conservent, et, traitées comme les caïeux, elles donnent le même résultat.

MULTIPLICATION PAR ŒILLETONS ET REJETONS

Les rejetons et les œilletons sont une seule et même chose ; ce sont des pousses qui naissent de la racine de la plante mère : si ces pousses se produisent tout près de la plante à laquelle elles appartiennent, on les nomme *œilletons*, et *rejetons* si elles naissent à quelque distance de la tige principale. Rejetons ou œilletons s'enlèvent en automne, à moins qu'on ne craigne que l'hiver ne les détruise. Dans ce dernier cas, on les sépare au printemps, et on les transplante aussitôt dans une terre meuble et bien préparée.

Pour que les racines donnent des œilletons ou rejetons, il faut qu'elles soient près de la surface de la terre ; si elles étaient enfoncées, il faudrait en mettre à nu quelques parties sur lesquelles les rejetons ne tarderaient pas à paraître.

MULTIPLICATION PAR ÉCLATS

Ce moyen de multiplication s'emploie pour les plantes vivaces dont les racines ont beaucoup de chevelu. En automne, on enlève la plante, on en sépare les racines en plusieurs parties, et l'on replante chaque partie séparément. Pour le plus grand nombre des plantes à racines fibreuses, cette séparation peut se faire avec une bêche, une houlette, des ciseaux, etc. ; mais il en est quelques-unes que le contact du fer suffit pour faire mourir, il est donc plus sûr d'opérer cette séparation, qui est très facile d'ailleurs, avec les mains et sans le secours d'aucun instrument.

MULTIPLICATION PAR MARCOTTES

La multiplication par marcottes est à la fois une des plus faciles et des plus importantes, en ce que beaucoup de plantes délicates ne peuvent, dans nos climats, se reproduire d'une manière satisfaisante que par ce moyen. On marcotte de plusieurs manières ; les principales sont les marcottages par *torsion*, par *incision*, par *circoncision*, par *strangulation*, par *amputation* et par *buttes*.

MARCOTTAGE PAR TORSION. — Ce moyen est le plus sage et le plus généralement employé pour la reproduction des arbustes. On choisit une des branches les plus voisines du sol, on en ôte les feuilles, et on la tord à la partie qui doit être enterrée jusqu'à ce que l'écorce se déchire. Alors on abaisse cette partie de la branche, on la couche dans la terre, on la couvre, et après l'avoir consolidée dans cette position au moyen d'un crochet en bois enfoncé dans la terre, on fait prendre à la portion supérieure de la branche la position la plus verticale possible. Ce procédé demande une main délicate et une certaine dextérité; par exemple, il peut arriver qu'en tordant la branche on la rompe en partie, et alors l'opération est manquée; il en est de même lorsque la branche, abaissée jusque sur le sol, se détache en partie de la tige; cela se comprend, car jusqu'à ce que la portion tordue et enterrée de la branche jette des racines, elle peut vivre sans le secours de la plante mère; c'est une enfant à la mamelle qu'il faut sevrer graduellement. Ainsi, lorsque la marcotte est bien enracinée, alors qu'elle peut prendre facilement dans le sol toute la nourriture qui lui est nécessaire, il serait encore dangereux de la séparer brusquement de la plante mère; il faut la couper peu à peu : aujourd'hui on fait une incision qui enlève l'écorce, dans deux ou trois jours l'entaille attaquera la partie ligneuse, et successivement cette entaille deviendra plus profonde jusqu'à ce qu'on arrive à une amputation complète. La marcotte est alors dans toute sa vigueur; mais ce sont là de doux enfants qui ne crient point, qui ne sont ni maussades, ni hargneux;

la tendresse qu'on ressent pour eux peut être poussée sans danger jusqu'à la plus extrême faiblesse; ils peuvent faire goûter toutes les joies maternelles sans en faire jamais ressentir les douleurs.

MARCOTTAGE PAR INCISION. — Ce procédé est à peu près semblable au précédent; il n'en diffère que par la fente que l'on fait à la partie de la branche qui doit être enterrée ; on maintient cette fente ouverte en y insérant une petite pierre, et l'on opère du reste comme il est dit ci-dessus.

MARCOTTAGE PAR CIRCONCISION. — La différence entre ce procédé et ceux qui le précèdent consiste à enlever un anneau de l'écorce à l'endroit de la branche qui doit s'enraciner. Quelques horticulteurs prétendent que cette opération accélère la pousse des racines ; mais cela ne paraît pas bien certain. *Tordre, inciser*, sont des opérations bien assez terribles pour de douces mains; laissons la loi de Moïse aux enfants d'Israël.

MARCOTTAGE PAR STRANGULATION. — Voilà encore un bien vilain mot pour une chose si simple, et non seulement le mot est désagréable, mais il ne donne pas une idée juste de la chose. La marcotte, en effet, n'est pas étranglée par ce procédé, car si elle l'était, elle ne pourrait recevoir aucune nourriture de la plante mère, en attendant qu'elle ait des racines, et elle mourrait sur-le-champ. Ce qu'on est convenu d'appeler

strangulation consiste à serrer fortement au-
dessous d'un œil la marcotte à l'endroit qui doit
être mis en terre, au moyen d'un fil ciré ou un
fil de fer ; la marcotte n'est pas étranglée, mais
seulement comprimée de manière à ne recevoir
de la plante mère qu'une partie des substances
nécessaires à sa vie, ce qui l'oblige à tirer
l'autre partie du sol. C'est toujours le système
du sevrage gradué.

Marcottage par amputation. — En vérité, les
ho ticulteurs passeraient pour des gens bien
féroces s'il fallait les juger d'après les noms
effrayants qu'ils ont donnés aux opérations les
plus simples et les plus innocentes. Amputation,
ici, veut dire une entaille de deux à trois centimètres de long qui doit enlever l'écorce et
entamer un peu le bois. Au bout de quelque
temps, il se forme sur les bords de cette entaille
un bourrelet ; c'est ce bourrelet que l'on met et
maintient dans la terre, où il ne tarde pas à s'enraciner.

Marcottage par buttes. — Ce marcottage
n'est employé que pour multiplier les plantes en
touffes. On forme autour des plus jeunes sujets
une butte de terre grasse, assez élevée pour que
ces sujets y soient emprisonnés jusqu'aux deux
tiers de leur hauteur. On coupe ensuite ces
jeunes plantes au-dessus de la butte, et l'on
entretient celle-ci dans un état constant d'humidité. Au bout d'un an, on coupe ces jeunes
sujets sous la butte, au rez du sol. On a ainsi

autant de jeunes plantes nouvelles qu'il y a de
jeunes tiges dans la butte ; ce qui n'empêche pas
la plante mère de repousser avec vigueur.

RÈGLES GÉNÉRALES. — Dès que l'on a couché
la marcotte en terre, il faut arroser cette terre
de manière qu'elle soit toujours humide. En
relevant la marcotte après l'avoir séparée de la
plante mère, il faut enlever avec elle la motte de
terre dans laquelle elle a jeté ses racines, et la
transplanter avec cette terre.

Lorsque la branche que l'on veut marcotter
est trop éloignée du sol pour qu'il soit possible
de l'y coucher sans risquer de la casser, on peut
faire passer cette branche dans un pot percé,
rempli de terre, et soutenu par une perche. La
partie tordue ou incisée doit se trouver au
milieu du pot ; on arrose fréquemment, et lorsqu'on sépare le sujet de la plante mère, il se
trouve tout naturellement transplanté.

Beaucoup de Fleurs, et particulièrement les
Œillets, ne se reproduisent d'ordinaire que par
marcottes. Les plantes ainsi reproduites ne dé-
génèrent pas, mais restent les mêmes, et ce
n'est que par semis qu'on peut obtenir des variétés.

MULTIPLICATION PAR BOUTURES

Il est certaines plantes, comme le peuplier,
l'osier, etc., dont il suffit de couper une branche
et de la ficher en terre pour qu'elle reprenne

aussitôt ; c'est ce qu'on appelle bouture. N'est-
il pas prodigieux qu'un membre ainsi violemment enlevé se métamorphose en un individu
absolument semblable à celui dont il n'était
qu'une faible partie ? Mais pourquoi ce qui est
si facile pour beaucoup de plantes est-il excessivement impossible pour quelques-unes ? C'est
ce que nul ne sait, et ce que nul ne saura probablement jamais. Il faut bien en convenir, les
savants les plus justement honorés ne sont que
de grands ignorants incapables de faire suivre
de *parce que* la millième partie des *pourquoi* qui
peuvent se formuler à chaque instant autour
d'eux. Il faut donc se contenter de voir et d'admirer, et c'est souvent un passe-temps si doux,
qu'il est facile de s'en contenter.

En général, les plantes dont le bois est tendre,
la moelle abondante, se reproduisent aisément
par bouture ; celle dont le bois est sec et dur se
multiplient très difficilement par ce procédé.

L'opération, comme on vient de le voir, est
très simple ; mais quand on veut en assurer le
succès, il est bon d'y mettre plus de soin.
Ainsi, on coupera la branche dont on veut faire
une bouture au-dessous d'un nœud ou bouton ;
cette branche doit être coupée horizontalement,
de manière que l'endroit de la section ait la
forme d'un sifflet ; on détache ensuite les feuilles
de la branche depuis le bas jusqu'aux deux tiers
de sa longueur. Ces diverses opérations doivent
être faites avec un instrument bien tranchant,

afin que les coupures soient nettes et que l'écorce
ne soit pas déchirée. Cela terminé, on mettra
immédiatement les boutures dans la terre qu'on
aura préparée d'avance selon la nature des
sujets que l'on veut reproduire : aux boutures
des plantes grasses, la terre franche suffit; les
boutures d'arbres et d'arbustes de pleine terre
et même d'orangerie s'accommodent mieux
d'une terre moitié franche et moitié légère ; les
boutures des végétaux à tige tendre et succu-
lente reprennent facilement dans le sable; enfin
les boutures des plantes les plus délicates
doivent être mises en terre de bruyère pure ou
légèrement mélangée de terreau.

Les boutures des arbres et arbustes de pleine
terre doivent se faire vers la fin de février ; celles
des plantes d'orangerie se font au printemps.

Bien que la méthode que nous venons d'en-
seigner pour faire des boutures soit la plus généralement employée, il en est pourtant d'autres:
ainsi, un an avant de couper la branche, on l'entoure quelquefois d'un fil de fer serré en anneau
à l'endroit où elle doit être mise en terre. Cet
anneau, interceptant une partie de la sève, il se
forme à cet endroit une espèce de bourrelet qui
facilite la reprise; c'est ce qu'on nomme *bouture
à bourrelet.*

Il arrive aussi qu'on détache la branche d'une
autre branche, en amputant une partie de cette
dernière, qui doit former une sorte de crochet;
c'est la *bouture en crochet.*

Les boutures des plantes dont le bois est dur, sec, se mettent en pot, rempli de terre de bruyère. Ce pot doit être ensuite enfoncé jusqu'au niveau de son bord dans une couche ou dans le capot d'une caisse-parterre (voir plus haut *multiplication par graines*), et l'on couvre ce pot d'une cloche que l'on soulève de temps en temps, jusqu'à ce que la bouture soit assez bien reprise pour supporter l'air libre ; c'est ce que les jardiniers appellent *bouture étouffée*.

MULTIPLICATION PAR GREFFE

La greffe est le triomphe de l'art sur la nature, c'est l'opération d'horticulture la plus utile et la plus merveilleuse. Jusqu'ici nous avons vu les plantes se reproduire, se multiplier par d'ingénieux procédés ; maintenant nous allons les voir se métamorphoser de mille manières. C'est là certainement un des plus grands, des plus inexplicables mystères de la végétation. Par exemple, les personnes étrangères à l'horticulture croient communément qu'en plantant un noyau de cerise, on pourra obtenir, avec le temps, un cerisier donnant des fruits de la même qualité que celui auquel appartient le noyau ; cela est logique, c'est tout ce qu'il y a de plus rationnel. Eh bien, cela n'est pas vrai : plantez le noyau d'une de ces belles cerises dites de Montmorency, apportez tous les soins imaginables à l'entretien de l'arbre qui en résultera, et lorsqu'il donnera des fruits, vous récolterez de petites merises aigres, n'ayant en quelque sorte qu'un noyau recouvert d'une pellicule dure et sèche. Il en est de même pour tous les fruits. Qui dira encore la cause de cela? Cela est, donc cela doit être ; il ne nous est pas permis d'aller plus loin. Mais de ce qu'on ne connaît pas la cause du mal, ce n'est pas à dire qu'on ne puisse y remédier, et le remède ici est la greffe, au moyen de laquelle on reproduit les variétés les plus précieuses. La greffe, en effet, consiste à faire rapporter à une plante des fleurs et des fruits absolument différents de ceux qu'elle eût donnés naturellement. Coupez les branches de ce merisier, dont les fruits sont si aigres ; fendez-en le tronc ; insérez dans les fentes quelques petites branches enlevées au cerisier de Montmorency, et au lieu de merises, il vous donnera des cerises semblables à celles dont le noyau vous aura produit un si grand désappointement ; et non seulement vous lui ferez produire des cerises, mais des prunes, des abricots, des pêches, les uns et les autres, et même tous ensemble si vous opérez savamment.

La greffe embellit les fleurs, améliore les fruits; mais les végétaux sur lesquels on la pratique perdent beaucoup de leur vigueur et de leur force, et ils vivent moins longtemps que ceux qui n'ont pas subi cette opération. Si l'on attend qu'un sujet ait acquis une grande force pour le greffer, il sera lent à produire des fruits;

si, au contraire, on le greffe alors qu'il est encore faible, il donnera des fruits promptement ; mais il durera moins. La greffe, enfin, est une opération qui augmente l'activité de la vie des plantes en en diminuant la durée. On ne peut pas tout avoir : la beauté et la durée sont nécessairement antipathiques. C'est là, Mesdames, encore une de ces douloureuses vérités qu'il est permis aux parties intéressées d'appeler des paradoxes.

La greffe se pratique de plusieurs manières ; les principales sont la *greffe en fente*, la *greffe en écusson*, la *greffe en couronne*, la *greffe en approche*, la *greffe anglaise* et la *greffe herbacée*.

GREFFE EN FENTE. — C'est la plus facile, et, par conséquent, la plus usitée. Il faut d'abord choisir un sujet sain et vigoureux. On entend par *sujet* l'arbre que l'on veut greffer ; la *greffe* est une branche que l'on prend sur l'arbre dont on veut donner les propriétés au sujet. Supposons qu'il s'agisse de métamorphoser un églantier ou rosier sauvage en rosier à cent feuilles. Après avoir coupé les branches de l'églantier, vous pratiquez à la partie supérieure de sa tige une fente longitudinale dans laquelle vous insérez une branche de l'année précédente, prise sur le rosier à cent feuilles, et taillée en biseau à son extrémité inférieure. La greffe doit être plus petite que le sujet ; à la rigueur, elle pourrait être de la même grosseur ; mais si elle

était plus grosse, elle ne réussirait pas. Cette
branche ou greffe doit être coupée à son extrémité supérieure de manière qu'elle ne porte
que deux ou trois yeux. Il n'est pas nécessaire
que son insertion soit bien profonde ; mais il
faut absolument que les parties de l'écorce du
sujet soient en contact parfait avec les parties
de l'écorce de la greffe, c'est par l'écorce que se
fait et que se consolide la reprise.

On peut placer plusieurs greffes sur le même
sujet lorsqu'il est assez fort. On peut aussi ne
greffer qu'une partie du sujet : ainsi on peut
greffer des Roses blanches sur un rosier rose de
manière qu'il nous donne simultanément ces
deux variétés, et ces modifications peuvent
s'étendre à l'infini sous une main bien exercée.

Lorsque la greffe est placée dans la fente du
sujet, on pratique une ligature avec de la laine,
à la hauteur de la fente, et on entoure le tout
d'un mastic ainsi composé :

Poix de Bourgogne.	5/10es
Poix noire.	2/10
Cire jaune	1/10
Résine	1/10
Suif de mouton.	1/10

Le tout fondu à petit feu, bien mélangé et
employé pas précisément chaud, mais avant
d'être entièrement refroidi.

GREFFE EN COURONNE. — Elle ne se pratique
que sur des sujets très forts, sur un tronc coupé

aux deux tiers de sa hauteur, par exemple. On pratique sur ce sujet, à l'aide d'un petit coin de bois, une ouverture entre le bois et l'écorce sur toute la circonférence; on place ensuite dans cette ouverture, et en forme de couronne, les greffes préparées comme pour greffer en fente, en ayant soin que l'écorce du sujet et celle des greffes se touchent, et on achève l'opération comme pour la greffe en fente.

GREFFE EN ÉCUSSON. — On ne pratique cette greffe que sur les arbres et arbrisseaux dont l'écorce se détache facilement. On pourra greffer de cette manière au printemps pendant la sève et en automne. Faite en automne, on la nomme *greffe à œil dormant*, parce qu'elle ne reprend qu'au printemps suivant; faite au printemps, pendant la séve, on l'appelle *greffe à œil poussant*, parce qu'elle pousse presque aussitôt : mais en général, celle pratiquée en automne réussit mieux.

Si l'on opère en novembre, on choisira pour prendre la greffe une branche de cette même année. Avec le tranchant du greffoir on incise l'écorce de cette branche en forme d'écusson, tout autour d'un œil bien nourri; puis, glissant le greffoir sous cet écusson, entre l'écorce et l'aubier, on le détache, on fait aussitôt sur le sujet deux incisions, l'une horizontale, un peu plus large que l'écusson; l'autre verticale, de manière que les deux incisions forment cette figure T, si l'on opère en automne, et celle-ci

L, si c'est au printemps. On glisse ensuite le greffoir sous l'écorce ainsi incisée jusqu'à l'aubier, et on la détache assez pour pouvoir glisser dessous l'écorce qui est la greffe, puis on coupe horizontalement la partie supérieure de cet écusson, de manière que l'écorce de la greffe et celle du sujet soient réunies. On fait ensuite, avec de la laine ou du chanvre, une ligature qui maintienne les choses en cet état, et que l'on aura soin de desserrer à mesure que le sujet grossira.

GREFFE EN APPROCHE. — Ce genre de greffe réussit sur tous les arbres et arbrisseaux, pourvu que greffe et sujet soient assez voisins pour pouvoir se toucher. Supposons, par exemple, qu'un lilas et un syringa soient assez voisins pour que l'on puisse mettre en contact une branche de l'un avec une branche de l'autre, il sera facile alors d'obtenir du lilas sur le syringa, et du syringa sur le lilas. Les branches étant autant que possible de grosseur égale, on incisera jusqu'à la moelle la branche de lilas et celle de syringa ; on les appliquera et on les maintiendra l'une contre l'autre dans la partie incisée, à l'aide d'une ligature et du mastic composé comme il est dit plus haut. Si c'est le lilas qui doit produire du syringa, on coupera à quelques centimètres au-dessus de la ligature la branche du lilas qui est le sujet, afin de forcer la sève à monter dans la greffe ; on fera la même chose dans le sens opposé, si l'on veut faire produire du lilas au syringa. Lorsque la soudure sera complète, on pourra couper la greffe au-dessous de la reprise, mais non tout d'un coup : on fera d'abord une entaille qu'on rendra successivement plus profonde jusqu'à ce que la section soit entière.

La greffe en approche peut se faire de mars en septembre ; mais elle réussit mieux lorsque la sève monte que lorsqu'elle descend.

GREFFE ANGLAISE. — Pour que cette greffe réussisse, il faut que le sujet soit jeune, et que sujet et greffe soient de la même grosseur : l'un et l'autre sont coupés en biseau de même longueur et en sens inverse, afin de s'ajuster parfaitement ; mais comme, malgré la ligature, la greffe pourrait glisser, on pratique, à la partie correspondante du biseau de la tige, une entaille ascendante, de manière que la greffe se trouve accrochée au sujet, et l'on termine comme pour la greffe en fente. Cette greffe ne réussit bien qu'au printemps.

GREFFE HERBACÉE. — C'est tout simplement la greffe en fente appliquée aux plantes herbacées ou aux plantes ligneuses alors qu'elles sont encore jeunes et molles. On l'emploie avec succès lorsque le sujet est dans toute sa force de végétation, c'est-à-dire un peu avant la floraison. Le sujet et la greffe étant très tendres, il faut opérer avec beaucoup de dextérité ; elle est d'ailleurs peu en usage pour les fleurs.

ÉDUCATION DES PLANTES

De graine, de rejeton, marcotte ou autrement, la plante est née. C'est maintenant surtout que la tendresse et les soins maternels lui sont nécessaires : un coup de vent peut suffire pour renverser, anéantir ces pauvres petits individus sortis de la terre pour sourire au soleil. Le mouvement de locomotion dont ils ne sont pas doués est pourtant indispensable à un grand nombre d'entre eux. C'est le moment, Mesdames, de leur tendre une main secourable pour leur faire quitter ce berceau, où ils sont mal à l'aise, maintenant qu'ils commencent à grandir. Mais, prenez garde ! quelque tendre que soit votre cœur, quelque douce que soit votre blanche main, il suffirait de la plus légère distraction pour que vous ayez à vous reprocher la mort de ces frêles enfants.

Dès que la plante obtenue par un des moyens indiqués plus haut, à l'exception de la greffe, a atteint une certaine force, il s'agit de la placer, soit en pleine terre, soit en caisse-parterre, ce qui est à peu près la même chose, soit en caisse ou en pot; c'est ce qu'on appelle *repiquage*, une des plus importantes opérations d'horticulture.

Repiquage. — Soit que l'on ait semé en pleine terre, sur couches ou sur *capot*, ce qui est la même chose; soit, ainsi que nous venons de le dire, que le sujet vienne de marcotte, bouture, etc., il arrive un moment où il faut l'enlever pour le mettre plus à l'aise, à la place qu'il doit orner. Si les sujets à repiquer sont en pot, on casse ce dernier avec précaution, on divise la terre qu'il contient en autant de parties qu'il y a de sujets; on enlève chacun de ceux-ci avec la partie de terre qui lui est adhérente, on le met dans le trou, préparé à le recevoir, et on arrose sur le champ. Lorsque le sujet qu'il s'agit de repiquer est en pleine terre, on l'enlève avec le transplantoir; mais si les plants n'étaient pas assez espacés, on les enlèverait collectivement en passant la houlette dessous, sauf à les séparer ensuite comme ceux semés en pot.

Les plantes robustes se transplantent à nu, c'est-à-dire qu'on les arrache tout simplement du lieu où elles sont pour les placer symétritriquement dans un autre. Dans ces plantes, on retranche quelquefois le pivot de la racine, lorsqu'il est trop long, ce qui nuit à la reprise, et l'on ôte une partie du chevelu, quand il est trop abondant. Mais la règle est difficile à poser sur ce point, et le plus sage est de laisser les racines entières et de ne pas les blesser.

Il est bien entendu que chaque plante doit être repiquée dans la terre qui lui convient, laquelle aura été ameublie, et que les arrosements seront fréquents jusqu'à ce que la reprise soit complète.

17.

TRANSPLANTATION. — On procède pour la transplantation à peu près de la même manière que pour le repiquage. Cette opération ne se fait avec succès que vers la fin de novembre. S'il s'agit de transplanter un arbuste ou un arbrisseau, on en coupe les branches; mais il ne faut pas toucher aux racines, et si, par accident, on en avait blessé quelques parties, il faudrait amputer sur-le-champ les parties lésées avec un instrument bien tranchant. Le mal, de cette manière, serait moins grand, mais il ne serait pas entièrement réparé. Les arbres toujours verts se transplantent en enlevant avec les racines la motte de terre qui les environne; on ne coupe pas les branches.

ARROSEMENTS. — Nous devons répéter ici que l'eau n'est pas moins nécessaire aux plantes que l'air et la lumière; mais toutes n'ont pas un égal besoin d'humidité, et il y a un grand nombre de gradations entre la plante qui naît, vit et est fécondée au fond des fleuves et celle qui végète sur les plus arides rochers. Nous ne pouvons indiquer qu'une règle générale qui consiste à n'arroser que fort peu les plantes grasses, charnues, spongieuses, et à arroser davantage, mais sans excès pourtant, les plantes fibreuses et ligneuses.

Dans l'hiver, on arrosera après le lever du soleil, afin que l'eau ne puisse être saisie par la gelée; dans l'été, au contraire, il faut arroser le soir, après le soleil couché, pour que l'eau ne s'évapore pas avant d'avoir pénétré la terre.

L'eau dont on se sert pour arroser doit avoir le même degré de chaleur que la température ; si donc on se servait de l'eau d'un puits profond, il faudrait, avant de l'employer, l'exposer à l'air pendant plusieurs heures. L'eau de pluie est la plus favorable à la végétation. Ce n'est pas seulement le pied des plantes qu'il faut arroser, mais encore les tiges, les rameaux, les feuilles ; les fleurs seules ne doivent pas recevoir d'eau.

RENCAISSAGE. — Rencaisser ou rempoter, c'est enlever une plante du vase où elle se trouve pour la placer dans un autre, afin d'en renouveler la terre. Une plante peut demeurer sans danger pendant deux ans dans le même vaisseau, et au maximum trois ans ; mais alors il faut la rencaisser, ce qui se fait avec le plus de succès au commencement du printemps. Après avoir laissé un peu sécher la terre, on enlève la plante, on en secoue doucement les racines, on les ébarbe légèrement avec un instrument bien tranchant, puis on les enterre dans un autre vase préparé à cet effet ; on arrose, et l'opération est terminée. Une autre opération, appelée *demi*-rempotage, consiste à enlever chaque année, au printemps, avec une houlette, le tiers ou la moitié de la terre contenue dans le pot, et à la remplacer par de la terre nouvelle de même espèce.

Lorsqu'une plante dépérit sans cause apparente, il faut la dépoter sur le champ, en examiner les racines, les laver soigneusement, et si l'on y découvre quelque plaie, retrancher la partie malade en la coupant le plus nettement possible. On rempote ensuite la plante, et si elle est délicate, on la met sur capot et sous cloche jusqu'à ce qu'elle ait repris assez de vigueur pour supporter l'air libre.

INSECTES

MOYENS DE LES DÉTRUIRE

Quatre sortes d'insectes sont particulièrement redoutables aux fleurs : ce sont les *pucerons*, les *fourmis*, les *kermès* et les *tiquets*... Les pucerons sont surtout abondants dans les années humides; ils s'établissent à l'extrémité des rameaux, détruisent les feuilles et souvent les fleurs. S'ils n'apparaissent pas en trop grand nombre, on peut les détruire en les faisant tomber à l'aide d'une petite brosse, et même avec la barbe d'une plume; s'ils sont abondants, il faut arroser les rameaux dont ils se sont emparés avec une eau de savon légère.

Les fourmis sont plus difficiles à détruire, à cause de leur activité, qui fait qu'elles sont ici, là et ailleurs presque en même temps; mais il est facile de les empêcher d'envahir les plantes

à tige : ce moyen consiste à entourer la tige,
vers le milieu de sa hauteur, d'un assez large
anneau de coton cardé qu'elles ne peuvent
franchir. Lorsque le contact de l'air, de l'eau,
de la poussière commence à durcir le coton, on
le change. Cela n'est nécessaire que pour les
plantes en pleine terre ; quant à celles en pots
et en caisses, il suffit de les placer dans un lieu
que l'on environne d'eau.

Les kermès sont une sorte de punaises qui
attaquent particulièrement les orangers ; le
meilleur et le plus sûr moyen pour s'en débar-
rasser est de laver la tige et les branches avec
de l'eau claire et une brosse rude, et d'arroser
les feuilles avec de l'eau de savon.

Les tiquets sont des insectes qui se logent le
plus communément sur les lis ; on les détruit
en arrosant les plantes avec une décoction de
tabac. Cette décoction seule suffirait pour détruire tous les insectes qui nuisent aux fleurs ;
mais il est un grand nombre de plantes qui ne
pourraient supporter cet arrosement, qu'on ne
doit employer que modérément et avec précaution.

TAILLE DES ARBUSTES

ARBRISSEAUX ET ARBRES

L'opération de la taille n'est importante que
pour les arbres fruitiers ; quant aux arbrisseaux

et arbustes d'agrément, on ne les taille qu'en vue de leur donner la forme la plus agréable, et dans certains cas aussi pour accélérer la végétation. Il suffira donc ici d'en exposer les principes généraux que voici :

Les petites branches se taillent avec une serpette bien tranchante; la coupure doit être nette, sans mâchure ni égratignure sur les bords. L'endroit où s'est faite la solution de continuité doit être plan et être, autant que possible, à l'exposition du nord. Pour les grosses branches on peut employer la scie à main; mais on doit ensuite unir la surface avec la serpette ou tout autre instrument tranchant.

Quand on coupe une branche, il faut qu'il y ait au moins un œil au-dessous de l'endroit où se pratique l'amputation.

Il est important surtout de s'attacher à retrancher ce qu'on appelle les *branches gourmandes*, qui ne produisent rien, n'ont pas d'yeux et se développent avec rapidité aux dépens des branches productives.

L'époque la plus convenable pour la taille est la fin de février ou les premiers jours de mars.

Plus les branches d'un arbre ou arbrisseau croissent rapidement, moins elles donnent de fleurs et de fruits; la sève, montant trop vite, n'agit plus sur les boutons ; on dit alors que l'arbre *s'emporte en bois*. Dans ce cas, il ne faut pas avoir recours à la taille, il est trop tard;

cette opération ne pouvant jamais être faite avec
succès que lorsque la sève est en repos. Mais
il est un moyen bien simple d'empêcher que
les rameaux prennent un trop grand développement : il suffit pour cela de pincer avec les
ongles l'extrémité des rameaux qui ont une
tendance à s'emporter. Cela ne diminue pas
l'énergie de la sève, mais l'oblige à refluer sur
les boutons.

Il arrive quelquefois que l'on est dans la nécessité de couper toutes les branches d'un arbrisseau, soit parce qu'on en veut changer la
direction, soit qu'à la suite d'une maladie l'arbre
n'ait plus assez de vigueur pour les supporter.
Cette opération doit être faite avec beaucoup
de soin, et de manière à ne pas arrêter tout à
fait la végétation. Il faut, dans ce cas, laisser au
sommet de la tige quelques-unes de ces petites
branches appelées brindilles, garnies de boutons, sauf à supprimer ces brindilles plus tard,
lorsque l'arbre aura repris une vigueur suffisante. Il est aussi nécessaire, après avoir coupé
les plus grosses branches, de couvrir avec de
la cire à greffer la place où l'amputation a été
pratiquée.

L'opération appelée *tonte* demande moins de
soin ; elle consiste à donner à un arbre ou arbuste une forme quelconque, à l'aide de grands
ciseaux avec lesquels on coupe symétriquement
les extrémités des branches. C'est par la tonte
que les orangers du jardin des Tuileries, à

Paris, et des principaux jardins publics, ont pris
et conservent tous la même forme et ressemblent à des boules de feuillage. On peut, par le
même procédé, avoir des arbustes en forme de
pyramide, de gobelet, etc. Mais nous sommes
loin d'approuver cette régularité, cette symé-
trie qui change l'aspect naturel des plantes et
leur enlève tout ce qu'elles ont d'agreste et de
capricieux. C'est de la tyrannie, et aussi de la
barbarie et de la cruauté, puisqu'en agissant
ainsi on substitue sa volonté à celle de la nature, et qu'on fait souffrir l'opprimé en même
temps qu'on lui enlève une partie de ses charmes. Taillez donc, Mesdames, et ne tondez
point; car tailler c'est guérir, et tondre c'est
blesser.

Tels sont, belles lectrices, les éléments de
cette science ou de cet art si facile à acquérir,
et source intarissable de tant de pures jouissances dont tous les artifices de style seraient
impuissants à donner une juste idée. Véritables
Fleurs animées, c'est à vous qu'il appartient
de faire vivre, de diriger et d'embellir ces
sœurs, ces frêles et délicieuses compagnes que
vous a données le ciel, après vous avoir douées
de cette intime délicatesse qui vous en fait sentir tout le prix. L'amour des fleurs est inné dans
le cœur de la femme, et nous ne doutons pas
que beaucoup d'entre vous, Mesdames, ne possèdent par intuition l'art de les cultiver. Nous
ne laisserons pas néanmoins de vous donner

quelques conseils sur la culture particulière de
chacune des plus belles. Un bon avis est un œil
dans la main, dit la sagesse des nations, et il
n'est pas impossible qu'à la plus savante un peu
d'aide fasse grand bien.

Pétunia rose.

—

SECONDE PARTIE

CULTURE SPÉCIALE

DES PRINCIPALES FLEURS

INDIQUÉES PAR ORDRE ALPHABÉTIQUE

———

Nous faisons ici l'abstraction de la botanique; nous ne rangeons donc pas les
Fleurs par tribus, par familles, par genres,
mais simplement par ordre alphabétique. Il ne
s'agit plus de compter les pistils, les étamines,
les pétales, mais bien de savoir ce qu'il faut
faire pour obtenir les plus belles variétés d'un
individu, à quelque tribu, famille et genre qu'il
appartienne. C'est ici de la science facile, dans
laquelle on peut pénétrer avec le même succès,
soit que l'on commence par la fin, le milieu ou
le commencement; c'est un dictionnaire, ou
plutôt un conseiller toujours disposé à rendre

un bon office sans s'inquiéter de formes ou de méthodes.

Il ne serait pas impossible pourtant que la lecture s'en fit tout d'une haleine : nous vous avons raconté de plus grands miracles que celui-là, et encore ici trouverez-vous peut-être quelquefois le conteur sous l'écorce du jardinier. Espérons donc et commençons.

A

Aconit. — On cultive trois variétés de cette plante, qui fleurit en juin; l'*aconit napel*, qui, sur une tige haute communément de plus d'un mètre, porte des fleurs en épi d'un beau bleu; l'*aconit à grandes feuilles*, dont les fleurs sont d'un bleu plus vif, et l'*aconit tue-loup*, qui donne des fleurs jaunes. Plantes à racines fibreuses. — Terre de bruyère. — Se multiplient par éclats.

Adonide d'été. — Plante annuelle qui se multiplie par graines semées en place, et donne, en juillet, de petites fleurs blanches, jaunes ou rouges, selon la variété. L'*adonide printanière* est une autre espèce qui est vivace, fleurit en juillet et donne de très belles fleurs jaunes. Cette dernière peut se multiplier par éclats ; la terre de bruyère convient à toutes deux.

Airelle. — Arbuste dont on cultive plusieurs variétés. La plus remarquable est l'*airelle myrtille*, arbuste de soixante à soixante-dix centimètres de hauteur, donnant en mai des fleurs

en grelot d'un rose pâle, et en août des baies
semblables au raisin, d'un goût très agréable. —
Terre de bruyère. On peut le reproduire par
graines, rejetons et marcottes ; mais ce dernier
procédé est celui qui réussit le mieux. Des autres
variétés remarquables de cette plante sont l'airelle corymbifère, qui atteint communément une
hauteur d'un mètre et demi ; l'airelle veinée,
arbuste plus petit que le premier. La culture est
la même pour toutes les variétés.

Amarante. — Charmante fleur annuelle dont
on cultive deux variétés : l'amarante en queue,
qui donne en juin des fleurs en épi très allongé,
et *amarante tricolore*, dont les fleurs sont
réunies en paquet. Ces deux variétés se reproduisent par graines semées à la fin de mars sur
couches ou sur capot. — Terre de bruyère mêlée
de terre franche et de terreau.

Amaryllis. — Plante à ognons, fleurissant
en septembre. — Terre de bruyère, multiplication par caïeux que l'on sépare des oignons
tous les deux ans. Nombreuses variétés, dont
les principales sont l'*amaryllis jaune*, la seule
variété qui puisse s'accomoder d'une autre terre
que celle de bruyère ; l'*amaryllis dorée*, l'*amaryllis à fleurs en croix*, et l'*amaryllis de Guernesey*, admirable plante du Japon, jetée sur les
côtes de l'île de Guernesey par une tempête,
ainsi que nous l'avons dit plus haut, dans la
Botanique des Dames.

Améthyste. — Plante annuelle, qui donne en

juin des fleurs bleues très jolies. — Multiplication par graines, semées aux premiers jours d'avril, en terre de bruyère mêlée de terreau.

Amomon. — Joli arbrisseau dont la hauteur varie d'un mètre à un mètre et demi. Il donne en août des fleurs blanches, et en septembre des fruits rouges qui ont la forme de cerises, mais qui ne sont pas mangeables. — Terre légère. Multiplication par marcottes et par semis faits fin de mars. — Beaucoup d'air ; terre ameublie ; arrosements modérés.

Ancolie. — On cultive l'*ancolie commune* et l'*ancolie du Canada*. Toutes deux fleurissent en mai ; la première donne des fleurs très jolies, bleues ou roses ; les fleurs de la seconde sont d'un beau jaune. — Terre de bruyère mêlée de terre franche. Multiplication par éclats, et par graines, qui doivent être semées aussitôt qu'elles sont mûres.

Anémone. — Cette belle plante compte un grand nombre de variété : les plus jolies sont celles dont les nuances sont pures et bien tranchées, depuis le bleu du ciel jusqu'au nacarat. On ne peut obtenir ces belles variétés que par les semis faits au commencement de mars sur terre franche recouverte de terreau. On arrose fréquemment. La plante, cette année, ne donne pas de fleurs. En juin ou au commencement de juillet, les feuilles se fanent ; alors on déterre les pattes, et, après les avoir fait sécher à l'ombre, on les replante en octobre, en

observant de laisser entre chacune une distance
de trois à quatre centimètres. Au mois d'avril
suivant, on obtient des fleurs ; on forme alors
une collection, qu'on plante chaque année en
octobre. Il est mieux encore de faire deux
collections et d'alterner la plantation, de sorte
que la même collection ne donne des fleurs que
tous les deux ans. Loin de nuire à la plante, ce
repos d'une année la fortifie, et elle donne ensuite
des fleurs admirables. — Terre franche. —
Déterrer la plante en juillet et en séparer des
tubercules nouveaux.

Les Anémones cultivées en pots, dans les
appartements, peuvent donner des fleurs au
milieu de l'hiver ; mais celles que l'on force
ainsi ne se reproduisent plus ; il faut donc se
bien assurer des richesses que l'on possède
avant de tuer ainsi la poule aux œufs d'or.

Apocyn. — Plante à racines fibreuses, qui
donne en juillet de petites fleurs roses et
blanches en forme de cloche. On nomme aussi
cette plante *gobe-mouche*, parce que la fleur,
exhalant une odeur de miel, attire les mouches
qui se trouvent prises dans la matière visqueuse
dont est enduit l'intérieur de la corolle. —
Terre légère. Multiplication par éclats en
octobre, et par semis en mars.

Armoise ou citronnelle. — Joli arbuste de
soixante à soixante-quinze centimètres de haut,
donnant en août de charmantes petites fleurs
en grappes, et dont les feuilles exhalent une

odeur de citron des plus agréales. Se cultive en pots qu'il faut rentrer aux premiers froids. — Arrosements modérés. Terre franche mêlée de terre de bruyère. Multiplication par semis; mais plus facilement par éclats au mois de mars.

Asclépiade. — Plante à racines fibreuses. En juillet, petites fleurs rouges exhalant un parfum de vanille assez prononcé. — Terre de bruyère; arrosements fréquents. Multiplication par graines, et plus facilement par éclats, fin octobre. — Plusieurs variétés; même culture.

Aubépine. — Il n'est personne qui ne connaisse ce charmant arbrisseau dont, vers la fin d'avril, le parfum embaume nos champs. Il n'y a presque rien à dire sur la culture de l'Aubépine, qui croît spontanément dans toutes sortes de terre, au milieu des haies vives, sur la lisière des forêts, sur les coteaux les plus escarpés. Toutes les terres lui conviennent sous un climat tempéré; mais la terre franche est celle dans laquelle elle se plaît le mieux.

L'Aubépine, cependant, ne peut être convenablement placée que dans un jardin d'une certaine étendue : les soins qu'on lui donne n'ajoutent rien à la délicieuse odeur qu'elle exhale ; mais ses fleurs sont plus nombreuses, ses rameaux prennent un plus grand développement. C'est encore un emblème de l'innocence; mais c'est l'innocence agitée par l'espérance et la crainte, c'est l'innocence sous les armes. —

peu d'eau, beaucoup d'air. Multiplication par boutures, marcottes, et plus facilement par graines semées aussitôt qu'elles sont mûres.

Azalée. — Très bel arbrisseau dont la hauteur dépasse quelquefois un mètre et demi, fleurissant en mai. Ses fleurs, d'un doux parfum, ressemblant un peu à celles du chèvre-feuille, sont de différentes couleurs, selon la variété. — Terre de bruyère ; arrosements fréquents. Multiplication par semis, par mar-cottes et rejetons, en mars.

B

Baguenaudier. — Grand arbrisseau de pleine terre, de trois à quatre mètres de haut, qui ne se cultive que dans les jardins d'une certaine étendue. Nous en avons pourtant vu quelquefois de fort jolis dans de grandes caisses-parterres. Fleurs jaunes en grappes, en juin. — Terre franche. Multiplication par rejetons, œilletons, marcottes; arrosements modérés. — Plusieurs variétés ; même culture.

Balsamine. — Plante à racines tubéreuses, annuelle, dont les jolies fleurs, de toutes cou-leurs, selon la variété, s'épanouissent en juillet. — Terre franche ; arrosements modérés. Mul-tiplication par graines semées fin mars et repiquées en mai.

Basilic. — Plante annuelle, remarquable seulement par son odeur agréable. Fleurit en mai et se multiplie par graines semées en avril sur terreau. — Plusieurs espèces ; même culture pour toutes.

Belle-de-jour. — Charmante plante annuelle qui fleurit en juillet. Fleurs nombreuses, jaunes à la gorge, blanches au milieu et bleues sur les bords. — Multiplication par graines semées en place en avril. — Arrosements modérés. Cette fleur s'ouvre dès que le jour paraît, et se ferme un peu après le coucher du soleil, phénomène auquel elle doit son nom, et qu'on a vainement tenté d'expliquer.

Belle-de-nuit. — Fleurit en juillet ; fleurs nombreuses et de diverses couleurs, odorantes ou inodores, selon la variété. C'est une des plus jolies plantes annuelles. On la sème à la fin de mars en place. — Terre légère ; arrosements modérés. Ses fleurs, qui présentent la forme d'un entonnoir, s'ouvrent à la fin du jour et se ferment au soleil levant.

Bignone. — Ce joli arbuste atteint assez communément une hauteur d'un mètre et demi ; les fleurs, qui s'épanouissent en juin, sont brunes en dehors et d'un beau jaune en dedans. Il n'est pas impossible de le multiplier par graines, mais cela est très difficile, et le semis ne lève que la deuxième année ; encore faut-il le tenir sur capot et en avoir les plus grands soins. Le plus sûr et le plus simple est de les multiplier par éclats, par boutures ou par marcottes. — Terre légère ; arrosements fréquents. — Deux variétés ; même culture.

Boule de neige. — Très bel arbrisseau, fort commun dans les jardins d'agrément ; il donne, en mai, de jolies fleurs en boule et d'un blanc de neige. — Terre franche ; de l'ombre et un peu d'arrosement. Multiplication facile par rejetons et boutures.

Bouton d'or. — Charmante petite fleur de la famille des renonculacées, qui s'épanouit en juin, et présente la forme d'un bouton du plus beau jaune. Elle se multiplie le plus communément par l'éclat des racines. — Terre franche, arrosements fréquents.

Bruyères. — Jolis arbustes, d'un effet très agréable dans les appartements. Culture en pot ou en caisse mobile ; en orangerie ou en serre pendant l'hiver. — Multiplication par éclats ou par marcottes. — Nombreuses variétés, même culture.

Buglose. — Plante à racines fibreuses, donnant en avril de petites fleurs bleues d'un aspect très agréable. — Multiplication par graines, ou mieux par éclats. — Terre de bruyère ; arrosements modérés.

C

Camélias. — Les Camélias, qu'on appelait d'abord *roses du Japon*, sont aujourd'hui la fleur la plus en vogue dans l'aristocratie.

Le Camélier ou Camélia est un très bel arbris-

seau toujours vert, donnant, en février, des
fleurs superbes, rouges, blanches ou roses,
selon la variété ; mais parfaitement inodores. —
En serre, d'octobre en mai. — Terre de bruyère
mélangée d'un tiers de terre franche et d'un peu
de terreau. Il faut le tenir près des fenêtres, car
le défaut de lumière le ferait infailliblement
périr. Beaucoup d'eau en été et peu en hiver.
— Multiplication par graines sur capot et sous
cloche ; par boutures, qui reprennent très
facilement, et par marcottes qu'on ne peut serrer
qu'au bout de deux ans.

Bien que cette fleur soit réellement très belle,
mérite-t-elle la vogue dont elle jouit ? Nous
pensons, en conscience, qu'elle ne doit cette
faveur qu'à la difficulté de la culture. Quoi qu'il
en soit, les Camélias sont devenus une partie
indispensable des toilettes de bal, et certains
amateurs ont renouvelé de nos jours, à propos
de cette plante, les folies des amateurs de
Tulipes du siècle précédent. Tout récemment,
un procès s'est engagé devant le tribunal de
commerce de Paris à propos de deux Camélias
vendus ONZE MILLE FRANCS. L'acquéreur
n'avait acheté ces arbustes, alors à la Nouvelle-
Orléans, que sur les dessins qui lui en avaient
été donnés ; le marché conclu, les Camélias
arrivèrent à grands frais de l'Amérique : ils
étaient en fleurs. L'acquéreur refusa de les
recevoir, prétendant que les fleurs différaient
de celles qui lui avaient été montrées sur le

papier; mais il fut condamné à prendre livraison
et à payer. Cœurs sensibles, ne vous hâtez pas
trop de le plaindre : le procès avait eu du
retentissement ; tous les journaux en avaient
rapporté les détails ; tout le monde voulut voir
ces deux arbustes déposés au Jardin-d'Hiver
des Champs-Élysées ; les recettes, pour droit
d'entrée dans cet établissement, doublèrent, et
les fleurs que portaient ces deux Camélias,
vendues au détail, produisirent quatre mille
francs ! Dans dix ans, les mêmes arbrisseaux se
donneront pour trente sous sur les marchés
aux fleurs de Paris : dans le pays des Roses, le
règne du Camélia ne peut être que passager.

Campanule. —Plante vivace, à racines fibreuses, se multipliant par graines ou par éclats,
en donnant en juin de très jolies fleurs en
forme de cloche, de toutes couleurs, selon les
variétés. — Terre franche, mêlée de terre de
bruyère. Arrosements fréquents en été.

Capucine. — Jolie plante grimpante qui, à
cause du peu de soin qu'elle demande, est l'ornement ordinaire de la fenêtre du pauvre. —
Belle verdure, charmantes fleurs. Multiplication par graines, semées en place, au mois
d'avril. Il suffit de l'arroser fréquemment pour
qu'elle réussisse, à quelque exposition qu'elle
soit.

Bien plus jolie que beaucoup d'autres, cette
modeste fleur est dédaignée des heureux du
jour; il est vrai que la pauvreté a de grands

18.

torts : ses faveurs sont à qui les veut, et elles ne coûtent rien !

Centaurée odorante. — En août, fleurs grosses, ayant la forme du Bleuet; de couleurs diverses, selon la variété. — Terre franche, multiplication par graines, en février. — Quelques variétés sont vivaces, comme la *centaurée de montagne*, la *centaurée blanche*, et quelques autres. Ces dernières se multiplient par éclats séparés au mois d'octobre.

Chèvrefeuille. — Charmant arbuste grimpant, hôte des forêts, où il prodigue son délicieux parfum en récompense de l'appui des arbres à hautes tiges auxquels il s'enroule, et dont la mort seule peut le séparer. Il fait aussi l'ornement des plus beaux jardins ; mais si la culture ne lui ôte rien, elle n'augmente pas non plus ses qualités. — Terre légère, peu d'eau. Multiplication par boutures et marcottes en automne. — Plusieurs variétés : même culture pour toutes.

Chrysanthème. — Arbuste qui commence à fleurir en avril, et qui ne cesse de donner, pendant la plus grande partie de l'année, des fleurs à rayons blancs. — Terre de bruyère mêlée de terre franche et d'un peu de terreau. Arrosements fréquents. — Reproduction difficile par graines, mais très facile par boutures, de mai en septembre.

Cierge du Pérou. — Fleurs superbes en août, blanches ou rouges, selon la variété, n'ayant

pas moins de cinquante centimètres de circonférence, et exhalant une odeur des plus agréables.
— Terre franche; arrosements dans les plus
grandes chaleurs de l'été seulement. Multiplication par boutures, qu'il faut couper huit ou
dix jours avant de les planter.

Clématite. — Joli arbuste grimpant; donnant
de juillet en septembre, des fleurs innombrables,
d'un doux parfum, et ne demandant point de
soins particuliers. Au centre de la France, la
Clématite est le principal ornement extérieur de
la chaumière du pauvre; on la sème sans façon
dans le premier coin venu, et dès la première
année elle s'attache aux murailles de la demeure
à l'abri de laquelle on l'a placée : puis elle
s'élève doucement, semblant caresser ses modestes murailles qui la protègent, et elle finit
par couvrir le toit rustique, d'où ses délicieuses
émanations s'étendent au loin. La Clématite est
une de ces fleurs qu'il est impossible de né pas
aimer. Qui croirait qu'une si douce et si innocente fleur ait pu être la cause première d'un
grand crime !

C'était en 1808. Mme la baronne de Cauville,
entièrement ruinée par la Révolution, vivait
avec son jeune fils, âgé de douze ans, dans une
modeste chaumière, au village de Bazincourt
(Eure). Le curé du village, noble et digne vieillard, fort instruit, avait pris en amitié le jeune
de Cauville, et s'était chargé de faire son éducation; il venait en outre de son mieux à l'aide

de la mère, qui ne possédait plus qu'un revenu de quelques centaines de francs, insuffisant pour subvenir à ses besoins. Mais le bon curé était pauvre lui-même, et la baronne souffrait; elle était d'ailleurs frappée au cœur par de cuisants chagrins : l'échafaud avait dévoré son père, son mari, la plus grande partie de sa famille, dont les derniers membres étaient morts sur la terre d'exil.

Le mal faisait des progrès rapides; Mme de Cauville fut bientôt dans un tel état de faiblesse qu'elle dut garder le lit. C'était au mois de juin; Arthur de Cauville ne quittait le chevet du lit de sa mère, que pour préparer les remèdes prescrits par le médecin, et aller chercher pour la malade les fleurs qu'elle aimait.

— Mon Dieu! dit un jour cette dernière, que ce monsieur Guiron est heureux d'avoir cette belle Clématite que je vois d'ici grimper sur le toit de sa maison, et dont le doux parfum arrive jusqu'à mon lit! Que j'aurais de plaisir à voir et sentir de plus près une branche de cette jolie plante!

Un quart d'heure après, Arthur sollicitait de son voisin Guiron la permission de cueillir quelques branches de sa Clématite. Mais Guiron était un de ces hommes sans cœur, ne comprenant que les plaisirs matériels en rapport avec ses appétits grossiers.

— Autrefois, monsieur le baron, répondit-il avec ironie, un personnage comme vous ne m'eût rien demandé; il eût pris mon bien sans se donner la peine de dire gare!... Aujourd'hui que les choses sont changées chacun doit garder ce qu'il a : la Clématite m'appartient, et je défends à tous les barons du monde d'y toucher.

— Monsieur, je vous en prie, dit le jeune homme dont les deux larmes qu'il n'avait pu retenir sillonnaient les joues, c'est un désir de malade, de mourante peut-être!...

— Eh bien! est-ce que c'est un brinborion comme ça qui l'empêchera de mourir?... Laissez-moi donc tranquille avec vos singeries.

Arthur se retira la rougeur au front et le désespoir dans le cœur. Il ne dit rien à sa mère de l'humiliation qu'il venait de subir, et comme la baronne continuait à manifester le désir d'avoir une branche de Clématite, il lui dit qu'il irait voir M. Guiron, leur voisin, vers la fin du jour, et que probablement il obtiendrait la permission de couper quelques tiges de ce joli arbuste.

Le soir venu, le jeune homme sort de sa demeure; il monte sur un petit mur, du faîte duquel il peut atteindre sa Clématite tant enviée : il en coupe promptement plusieurs branches, et, heureux de cet innocent larcin, il se dispose à se retirer par le même chemin lorsque Guiron, qui a entendu quelque bruit, sort armé d'un fusil, et fait feu sur le jeune homme. Pas un cri, pas un gémissement ne se fait entendre; Arthur regagne la chambre de sa mère; il remet entre les mains de la malade les branches de Clématite qu'il vient de dérober, et presqu'aussitôt il tombe sans avoir pu prononcer un mot. Exaltée par l'amour maternel, Mme de Cauville recouvre assez de force pour s'élancer hors de son lit : elle essaie de relever son fils; elle l'interroge en lui prodiguant les noms les plus tendres; mais Arthur ne peut l'entendre : atteint d'une balle en pleine poitrine, c'était par un effort surhumain qu'il avait pu arriver jusqu'à sa mère; en tombant il avait rendu le dernier soupir.

En reconnaissant toute l'étendue de son malheur, l'infortunée ne fit point retentir sa chaumière de cris et de sanglots; elle s'assit près du corps inanimé de son fils, le prit dans ses bras, le serra contre son cœur, et expira. Ce fut en cet état que, le lendemain, les deux cadavres furent trouvés par le digne curé, seul ami qui restât à ces infortunés.

Le meurtrier, livré à la justice, fut absous comme s'étant trouvé en cas de légitime défense.

Cobœa. — Plante grimpante dont le beau feuillage vert couvre admirablement les berceaux des jardins, ou forme des tonnelles de l'aspect le plus pittoresque. De juin en septembre, fleurs jaunes et violettes, très belles, mais qui sont presque aussitôt fanées qu'épanouies. C'est encore une des consolations du pauvre ; c'est aux fenêtres des mansardes et des greniers qu'elle se montre le plus communément. Elle ne demande pas plus de soins que la Capucine, sa compagne ordinaire. — Terre franche. Multiplication par graines semées en place ; arrosements fréquents.

Coloquinte. — Cette plante annuelle, de la famille des cucurbitacées, n'est remarquable qu'à cause de la bizarrerie de son fruit, qui est fort gros et affecte la forme d'une bouteille, d'une masse, d'un poire, d'une boule, etc., fruit qui, étant vidé, desséché, peut servir à plusieurs ouvrages domestiques. — Multiplication par graines semées vers le milieu de mars, sur capot et sous cloche ; arrosements fréquents. Lorsque la tige a atteint une certaine étendue, on la pince à l'extrémité, afin que le fruit grossisse. Ce fruit doit être recueilli en septembre.

Corbeille dorée. — Plante à racines fibreuses, donnant, en mai, de petites fleurs réunies en bouquets d'un jaune doré. — Terre franche. Multiplication par graines, et mieux par éclats faits en automne.

Couronne impériale. — Plante à oignons, dont les larges et belles fleurs, ordinairement d'un beau rouge, paraissent en avril, et forment une couronne à un ou deux rangs au sommet de la tige. — Terre franche ; beaucoup d'eau. Multiplication par graines, et mieux par caïeux, séparés de l'oignon tous les trois ans, en mai ou juin, et replantés aussitôt.

Crocus ou safran printanier. — Plantes à oignons, donnant, en février, des fleurs de diverses couleurs, selon la variété. — Terre franche ; arrosements fréquents. Multiplication par caïeux détachés, en mai ou juin, tous les trois ou quatre ans, et replantés sur-le-champ.

Croix de Jérusalem. — En juin, jolies fleurs à cinq pétales, ressemblant à une croix de Malte, de diverses couleurs, selon la variété. Plante fibreuse, se multipliant par graines, boutures et marcottes, et mieux par éclats faits au mois de novembre. — Terre franche; arrosements abondants.

Cupidone. — En juillet, fleurs d'un beau bleu. — Terre de bruyère; peu d'eau. Multiplication par éclats.

Cytise. — Arbuste dont les fleurs, qui paraissent en juin, sont d'un très beau jaune. — Terre légère: très peu d'eau. Multiplication par graines et par éclats.

D

Dahlia. — Cette fleur, qui malheureusement n'a aucun parfum, est l'une des plus belles que l'on connaisse. Elle est produite par une plante à racines tubéreuses d'une culture très facile, puisqu'il suffit de relever les tubercules avant les grands froids pour les replanter en terre franche au mois d'avril. Les fleurs qui s'épanouissent depuis la fin de juillet jusqu'aux derniers jours d'octobre, ont quelquefois jusqu'à vingt-cinq centimètres de circonférence, et présentent les couleurs les plus belles et les plus variées. Le nombre des variétés de cette belle

DAHLIA

fleur est de plus de trois cents. On en cultive, au jardin du Luxembourg, à Paris, une des plus belles collections qui se puissent voir. Les tiges ont assez communément d'un mètre à un mètre et demi de haut, et c'est quelque chose d'admirable que l'aspect de cette mer de fleurs de toutes nuances ondulant sous la brise. Il n'y a point aujourd'hui de parterre possible sans dahlias.

On nous apprend que des essais faits récemment à Chambéry il résulte que les tubercules du dahlia, cuits d'une certaine manière, sont un mets délicieux. Mais nous avons trop de raisons de douter de la capacité culinaire de ces mangeurs de châtaignes pour prendre cela au sérieux.

Daléa. — Plante à racines fibreuses, donnant en juillet des fleurs en épi, petites, d'un rouge violet. — Terre légère, arrosements modérés. Multiplication par graines semées en avril.

Daphné. — Arbuste de serre, d'un mètre de haut, donnant en janvier de petites fleurs vertes d'une couleur agréable. — Terre de bruyère mêlée de terre franche; arrosements fréquents, mais peu abondants. Multiplication par graines semées sur capot et sous cloche aussitôt leur maturité, et repiquées en pot.

Datura. — Très bel arbrisseau, dont les fleurs d'un blanc de neige s'épanouissent en août et exhalent une odeur des plus agréables. — Terre de bruyère; point d'eau l'hiver, très peu l'été.

Multiplication par marcottes. — Le moindre froid pouvant être fatal à cette jolie plante, il faut la rentrer de bonne heure, ne la sortir qu'en mai, et la placer de manière à ce que la lumière ne lui manque pas.

Digitale. — En août, jolies fleurs en épi, de diverses couleurs, selon la variété. — Terre franche mêlée de terreau ; arrosements modérés. Multiplication par œilletons, en automne, ou par graines semées aussitôt leur maturité.

E

Épi de la Vierge. — Fleurs à oignons, donnant en juin des fleurs blanches en étoiles ou en épi. — Terre franche mêlée de terre de bruyère ; arrosements fréquents. Multiplication par caïeux séparés tous les trois ans et replantés en automne. — Plusieurs variétés, même culture.

F

Faragelle. — Plante à racines fibreuses. En septembre, fleurs rougeâtres. — Terre de bruyère ; peu d'eau. Multiplication par éclats au printemps.

Fleur de la Passion ou *Grenadille bleue*. — Arbuste dont la tige a communément sept à huit mètres de longueur ; il donne, en août, des fleurs bleues d'une forme bizarre, dans lesquelles, l'imagination aidant pour beaucoup, comme il arrive toujours en pareil cas, on a cru voir tous les instruments de la Passion : couronne, lance, clous, marteau, échelle, etc. On peut former avec cet arbuste de très jolis berceaux. — Terre légère; beaucoup d'eau. Multiplication par marcottes, boutures et rejetons.

Fragon. — En décembre, petites fleurs blanches surgissant à la surface supérieure des feuilles, qui sont piquantes. Terre franche, arrosements fréquents. Multiplication par graines et par éclats.

Fraxinelle. — Plante singulière, exhalant, dans les temps chauds et secs, une sorte de gaz qui s'enflamme lorsqu'on en approche une lumière. En juillet, de belles et grandes fleurs purpurines en grappes. — Multiplication très facile par graines semées en août, ou par éclats faits en novembre.

G

Gentiane. — En mai, grandes fleurs d'un bleu clair. — Terre de bruyère; arrosements fréquents et abondants. Multiplication par graines aussitôt leur maturité, ou par éclats en novembre.

Géranier ou géranium. — Joli arbuste dont on cultive un grand nombre de variétés, les unes inodores, d'autres exhalant le parfum le plus suave, et d'autres encore répandant une odeur fétide, mais rachetant ce défaut par des fleurs du plus vif éclat. — Terre franche ; beaucoup d'air et de lumière ; peu d'eau. Multiplication par boutures qui demandent de grands soins ; elles se font en avril, dans des pots placés sur capot et sous cloche que l'on soulève graduellement, jusqu'à ce que la plante ait acquis assez de force pour supporter l'air libre et être ensuite transplantée.

Il y a des espèces à racines tuberculeuses dont la multiplication est plus facile. On coupe les tubercules de manière à ce que chaque morceau soit pourvu d'un œil ; on les plante en pot, et l'on arrose un peu.

Giroflée. — Jolie plante à racines fibreuses, donnant, en juin, de belles fleurs en grappes, jaunes, blanches, rouges ou violettes, selon la variété, et exhalant une odeur très agréable. Les principales variétés se multiplient par graines semées en terre franche mêlée de terreau ; on enlève les sujets quand ils sont assez forts et on les met en place. Arrosements fréquents. Quelques variétés peuvent se reproduire par boutures, particulièrement celle appelée *variable*, dont les fleurs, d'abord blanches, deviennent jaunes, puis rouges. Cette dernière variété est vivace.

Nous ne parlerons pas ici de la Giroflée des murailles, qui ne demande aucun soin, n'exige aucune culture ; un peu de poussière, une goutte d'eau dans la fente d'un vieux mur lézardé, de l'air, du soleil et la rosée du ciel, c'est tout ce qu'il lui faut pour devenir belle et jeter autour d'elle son suave parfum. C'est encore une amie du pauvre qui se trouverait mal à son aise dans un riche parterre.

Glaciale. — Les grosses tiges de cette plante annuelle sont garnies de globules transparents remplis d'une eau très limpide, de telle sorte que, pendant les grandes chaleurs, elles semblent couvertes de glace. C'est là, du reste, tout son mérite, les petites fleurs blanches qu'elle donne en août étant insignifiantes. — Multiplication par graines semées en avril sur un terrain bien fumé, pour être repiquées en juin.

Glaïeul. — Plante à oignons, fleurissant en mai ; fleurs roses, blanches ou rouges, selon la variété. On lève les oignons fin de juin ; on les garde dans un endroit sec jusqu'aux derniers jours de septembre. On en détache alors les caïeux qu'on replante aussitôt. — Terre franche, mêlée de terre de bruyère ; arrosements modérés.

Globulaire. — En juin, fleurs bleues, petites, mais se réunissant en globe, et d'un assez joli effet. Plantes à racines fibreuses. — Terre légère. Multiplication par éclats.

Grenadier. — Belles fleurs rouges en août. Il se cultive en caisse comme les orangers. — Terre franche ; arrosements fréquents ; en serre d'octobre en avril. Multiplication par marcottes et boutures. — Plusieurs variétés ; même culture.

Gueule de loup ou muflier. — Plante à racines fibreuses, dont les fleurs, paraissant en mai, sont rouges ou blanches, selon la variété, et sont en forme de mufle. — Terre franche ; arrosements modérés. Multiplication facile par graines semées en mars, ou par éclats en automne.

H

Haricot d'Espagne. — Deux espèces : l'une donnant en juin de belles fleurs rouges non odorantes ; l'autre, en juin également, des fleurs plus grandes et d'une odeur agréable. Toutes deux se sèment au commencement du printemps en terre légère. L'espèce à grandes fleurs se multiplie aussi par marcottes et boutures. Cette espèce, étant vivace, doit être semée en pots, afin d'être mise en serre aux premiers froids.

Héliotrope. — Arbuste donnant, de la fin de juillet en septembre, de petites fleurs violettes en bouquets d'un parfum doux et agréable. — Terre de bruyère ; arrosements fréquents en été, peu ou point en hiver. Multiplication par graines, et mieux par boutures placées sur capot et sous cloche jusqu'à parfaite reprise.

Hellébore. — En février, fleurs jaunes peu odorantes. Cette plante, à racines fibreuses, ne craint pas le froid, et elle demande peu de soins ; en outre, elle fleurit au milieu de l'hiver, ce qui suffit pour la faire rechercher. — Deux variétés.

Multiplication par éclats, au commencement de l'hiver.

Hémérocale. —Charmante fleur qui ressemble au Lis et dont l'odeur n'est pas moins suave que celle de ce roi du parterre. Plusieurs variétés, qui toutes fleurissent en juin. — Terre de bruyère; arrosements modérés. Multiplication par caïeux séparés et replantés en automne. En serre jusqu'au printemps.

Hortensia. — Charmant arbuste, un des plus beaux ornements d'un parterre, dont les fleurs, roses, rouges ou bleues, selon la variété, s'épanouissent et forment de grosses boules en août. — Terre légère; beaucoup d'eau. Multiplication par boutures, au mois d'avril. Cet arbuste ne craint pas le froid, et nous en avons en ce moment sous les yeux un massif superbe en pleine terre, à l'exposition du nord, qui, depuis dix ans, n'a fait que croître et embellir. Cependant il est plus sûr de le rentrer pendant les grands froids.

I

Immortelle. — Plante annuelle donnant, en août, des fleurs blanches, violettes, grises ou jaunes, selon la variété. Cette fleur doit son nom à la singulière propriété qu'elle a de conserver sa couleur et son état longtemps après qu'elle a été desséchée; et lorsque, après un certain nombre d'années, elle paraît les avoir perdus, il suffit, pour les lui faire recouvrer, de l'exposer à la vapeur du vinaigre. Terre légère. Multiplication par graines semées au printemps.

Iris. — Il y a deux espèces d'iris bien distinctes, qui comptent chacune un grand nombre de variétés : ce sont l'*iris à racines fibreuses* et l'*iris à racines bulbeuses*. La première donne, en mai, de jolies fleurs bleues, roses, blanches, panachées, etc., selon la variété, et qui toutes ont une odeur des plus agréables. Elles se multiplient par éclats de racines faits en octobre. — Terre légère, arrosements fréquents.

Les variétés de l'espèce à racines bulbeuses fleurissent également en mai, et ne sont ni moins belles ni moins odorantes. Ces dernières se multiplient par caïeux détachés de l'oignon, la deuxième année, en automne, et replantés aussitôt. — Terre de bruyère ; arrosements modérés.

Quelques auteurs font, des variétés de ces deux espèces, de très belles collections.

Ixia. — Charmantes fleurs à racines bulbeuses, qui s'épanouissent en mai, et sont de couleurs diverses, selon la variété, depuis le rouge de pourpre jusqu'au blanc de neige. — Terre de bruyère ; peu d'eau. Multiplication par caïeux détachés et replantés en septembre. En serre de novembre en avril.

J

Jacinthe. — Cette plante à oignons est l'une des plus belles et des premières qui fleurissent au printemps. Fleur d'une odeur suave et de toutes les couleurs, selon les variétés, qui ne sont pas moins nombreuses que celles des tulipes. — Multiplication par caïeux, qu'on détache dès que la plante est fanée, et qu'on laisse sécher à l'ombre pendant deux mois. En septembre, on plante les caïeux dans une bonne terre de bruyère mêlée de terreau et d'un peu de terre franche, et arrosée précédemment avec de l'eau salée ; on couvre la terre de paille pendant l'hiver. Arrosements modérés.

La Jacinthe est une des fleurs qui ont la propriété de végéter dans l'eau, et l'on peut, par ce moyen, en avoir en fleurs pendant tout l'hiver dans les appartements. Le procédé est simple : on remplit d'eau légèrement salée des carafes dont le goulot est étroit et l'orifice évasé ; on place un oignon de jacinthe sur chaque carafe, de manière que l'oignon se trouve à moitié plongé dans l'eau, et l'on remplit les carafes à mesure que l'eau qu'elles contiennent s'évapore ou est absorbée par la plante. Une chaleur de dix à douze degrés dans l'appartement est suffisante, et en peu de temps chaque oignon produit une fleur qui n'est pas moins belle ni moins odorante que celle des oignons mis en terre ; mais ces oignons, ainsi forcés, perdent leur vertu germinative, et dès que la fleur est fanée, il faut les jeter.

Jasmin. — Très joli arbuste, à fleurs blanches ou jaunes, d'un parfum délicieux, de juillet en

19.

septembre. — Terre franche mêlée d'un peu de terre de bruyère. De l'air, du soleil et beaucoup d'eau en été. Multiplication par boutures, et mieux par marcottes, au printemps,

Joubarbe. — Plante grasse donnant, en juillet, d'assez jolies fleurs rouges ou jaunes, selon la variété. — Terre légère; très peu d'eau. Multiplication par boutures plantées deux ou trois jours après avoir été coupées.

Julienne. — Espèce de giroflée donnant, en mai, des fleurs blanches en grappes d'une odeur très forte et très agréable. Plante bisannuelle. — Terre franche; arrosements modérés. Multiplication par éclats, en juin.

Une autre espèce, appelée *Julienne de Mahon*, compte plusieurs variétés qui sont rouges, violettes, blanches, etc., et qui ont le même parfum que la Julienne proprement dite. Cette dernière espèce est annuelle et se multiplie par graines semées en octobre. — Terre légère ; peu d'eau.

K

Ketmie. — Il existe deux plantes de ce nom qui sont bien distinctes : l'une, la *ketmie des marais*, est une plante annuelle donnant, en août, de grandes fleurs blanches à onglet rouge. — Terre légère; peu d'eau. Multiplication par graines semées au printemps.

L'autre Ketmie, appelée *ketmie des jardins*, est un arbrisseau qui a assez ordinairement deux mètres de haut, et qui donne, en octobre, d'assez jolies fleurs de toutes couleurs, depuis le blanc jusqu'au rouge foncé, selon la variété. — Terre légère; arrosements fréquents, mais peu abondants. Multiplication par marcottes.

L

Laurier commun. — Joli arbrisseau dont les feuilles et le bois exhalent une odeur aromatique très forte, et qui donne, en mai, des fleurs peu apparentes. — Terre franche; peu d'eau. Multiplication par graines, et mieux par marcottes, au printemps. En serre pendant l'hiver.

Laurier-rose. — Très joli arbuste, dont on cultive plusieurs variétés, donnant, en juin et en juillet, de belles fleurs roses, blanches ou jaunes, selon la variété; mais toutes sans parfum, à l'exception de deux variétés, l'une nommée *laurier odorant*, dont les fleurs, d'un rose très pâle, exhalent une odeur à peu près semblable à celle de la Violette, et l'autre, à fleurs blanches semi-doubles, qui ont le même parfum que l'Aubépine. Toutes se cultivent de la même manière. — Terre légère; peu d'eau, du soleil. Multiplication par marcottes et rejetons au printemps.

Laurier-tin. — Arbrisseau toujours vert, donnant, en février, de nombreuses fleurs, blanches en dedans et rouges en dehors. — Terre franche mêlée de terre de bruyère; peu d'eau et point de soleil. Multiplication par boutures en automne.

Lilas. — La plus belle, la plus gaie, la plus gracieuse fleur de printemps. Ce charmant arbrisseau, dont les fleurs embellissent et embaument les derniers jours d'avril et les premiers de mai, et dont le feuillage d'un beau vert ne tombe qu'en octobre, est indispensable dans un jardin, sur une terrasse bien garnie et même sur un balcon, quand ce dernier est d'une certaine étendue. Il se plaît partout, se multiplie de toutes manières, et ne demande presque aucun soin.

On en cultive plusieurs variétés : le *lilas commun*, grand arbrisseau qui a quelquefois de huit à neuf mètres de hauteur ; le *lilas varin*, de deux à trois mètres de hauteur, dont les fleurs sont plus petites, mais non moins odorantes que celles du lilas commun, et le *lilas de Perse*, qui diffère peu du lilas varin.

La terre franche est celle qui convient le mieux au Lilas. — Arrosements modérés. Lorsque les fleurs sont fanées, il est bon de les couper, à moins qu'on ne veuille recueillir de la graine, et dans ce cas, il suffit d'en conserver quelques-unes.

Quelques jardiniers-fleuristes de Paris ont réussi à faire fleurir les Lilas deux fois dans la même année, en avril et en août. Pour obtenir ce résultat, il suffit de couper les fleurs en mai, dès qu'elles commencent à se faner, et, vers la fin du même mois, de dépouiller l'arbrisseau de

toutes ses feuilles; mais il ne résiste pas longtemps à un pareil régime; il dépérit dès la
seconde année, et meurt ordinairement dans le
cours de la quatrième.

Lilas des Indes. — Arbuste toujours vert,
donnant en juillet de belles fleurs d'un bleu
tendre et d'un parfum doux. — Terre de bruyère
mêlée de terreau; en serre pendant l'hiver; le
plus d'air et de lumière possible, arrosements
modérés. Multiplication par marcottes et par
graines.

Lis. — C'est le roi du parterre, et il suffit de
le voir pour comprendre que les souverains de
la France aient voulu qu'il figurât dans leurs
armes. Beauté, grandeur, majesté, parfum enivrant, sont le partage de cette fleur superbe. On
en cultive un grand nombre de variétés, parmi
lesquelles nous citerons le Lis de Constantinople, le Lis à fleurs doubles, l'Orangé, le Turban, le Tigre, le Martagon, dont les bulbes,
cuits au four, sont un mets très agréable. Mais
de tous, le Lis blanc est le plus beau.

La culture de cette belle fleur ne demande
que peu de soins. On met l'oignon en terre, en
automne ou en mars, à quinze centimètres de
profondeur environ. — Terre franche, mêlée
d'un peu de terreau; arrosements modérés.
Tous les deux ou trois ans, on relève les oignons,
et l'on détache les caïeux, qui doivent être
replantés sur-le-champ.

En plein air, le parfum du Lis est délicieux;

dans un appartement il est dangereux ; il peut
avoir de fâcheuses influences sur l'économie
animale, et même causer une asphyxie complète.
C'est une ressemblance de plus avec les grands
de la terre, dont le contact est si souvent fatal
aux petits.

Liseron satiné. — Arbuste dont les fleurs,
d'un rose très tendre, s'épanouissent en août.
— Terre de bruyère ; peu d'eau. En serre dès
les premiers froids. Multiplication par marcottes,
par boutures et par graines. Les marcottes
prennent difficilement ; les boutures doivent se
faire vers la fin d'avril.

Lobélie. — Jolie plante à racines fibreuses
donnant, en août, de grandes et belles fleurs en
grappes d'un beau rouge. — Terre franche ;
beaucoup d'eau. En serre pendant l'hiver. Multiplication par éclats de racines à la fin de septembre, et par boutures en avril.

Lunaire. — Plante annuelle. En avril, fleurs en
grappes blanches, rouges ou panachées, selon
la variété. — Terre franche. Multiplication par
graines semées fin mars.

Lupin. — On en cultive de deux espèces, le
lupin vivace et le *lupin annuel.* Toutes deux
fleurissent en juin. Les fleurs des vivaces, roses
d'abord, deviennent bleues quand elles sont
entièrement épanouies ; celles du Lupin annuel
sont d'un beau jaune et odorantes. Les deux
espèces se multiplient par graines semées fin
mars. — Terre franche ; arrosements modérés.

M

Marjolaine. — Arbuste fleurissant en juin. Fleurs blanches ou roses, selon la variété et très odorantes. — Terre de bruyère; peu d'eau. En serre pendant l'hiver. Multiplication par semences, et mieux par éclats, au printemps.

Matricaire. — Plante vivace, à racines fibreuses, donnant en juin de grosses fleurs blanches. — Terre franche; peu d'eau. Multiplication par éclats, en automne ou en mars.

Mélilot. — En août, fleurs blanches en grappes et odorantes. — Terre franche; arrosements modérés. Multiplication par graines semées en avril.

Mélisse. — En juillet, petites fleurs blanches peu remarquables. — La plante exhale une odeur de citron très prononcée. Terre légère; peu d'eau. Multiplication par graines ou par éclats faits en octobre.

Millepertuis. — Plante vivace, originaire de la Chine, dont les grandes et belles fleurs jaunes s'épanouissent en octobre. Terre de bruyère mélangée de terre franche et de terreau; arrosements modérés. Multiplication par marcottes, boutures, éclats de racines. En serre l'hiver.

Mouron en arbre. — Petit arbuste donnant, en mai, d'assez jolies fleurs rouges. — Terre légère mélangée de terreau; beaucoup d'eau. Multiplication par marcottes et par boutures. En serre l'hiver.

Muguet. — Charmante fleur qui vient parfaitement sans culture dans les bois, qu'elle
embaume au mois de mai. Elle ne demande
donc que fort peu de soins. — Terre franche et
fraîche. Multiplication par éclats de racines. Le
Muguet du Japon, autre espèce, dont les fleurs
sont bleues et s'épanouissent à la même époque,
se cultive de la même manière.

Myosotis ou *Souvenez-vous de moi.* — En avril,
charmantes petites fleurs d'un beau bleu. —
Terre franche; arrosements fréquents. Multiplication par éclats.

Myrte. — Joli arbuste, symbole de l'amour
heureux, aromatique dans toutes ses parties,
et donnant en août de petites fleurs blanches.
Il y en a de plusieurs variétés, qui se cultivent
toutes de la même manière. — Terre franche
mêlée de terre de bruyère; exposition du midi;
arrosements fréquents. En serre pendant l'hiver,
de manière à recevoir le plus de lumière possible. Multiplication par rejetons, marcottes et
graines.

N

Narcisse. — Jolie plante à oignons, dont les
fleurs, qui répandent un doux parfum, s'épanouissent en mai. Il y en a un assez grand
nombre d'espèces, qui toutes ont plusieurs
variétés. La culture est la même pour toutes.
On relève les oignons vers la fin de juin; on en
détache les caïeux que l'on nettoie et laisse sé-

cher à l'ombre, dans une serre, pendant deux ou trois mois. On les replante ensuite à quatre ou cinq centimètres de profondeur. — Terre franche mélangée de terre de bruyère et de terreau; beaucoup d'eau. Les Narcisses peuvent végéter dans de l'eau comme les Jacinthes. (*Voyez* JACINTHE.)

Nigelle. — Plante annuelle dont les fleurs, d'un beau bleu, paraissent en juillet. — Terre franche; arrosements modérés. Multiplication par graines semées en avril.

O

Œillet. — Cette fleur, si connue, est l'une des plus belles qui puissent orner un parterre. On en compte un grand nombre d'espèces, et chacune a de nombreuses variétés. Quelques amateurs en font d'admirables collections. — Terre franche, mélangée de terre de bruyère et de terreau; arrosements fréquents. Toutes les espèces d'Œillets se multiplient par marcottes, qui reprennent très facilement. Mais pour obtenir des variétés, il faut avoir recours à la graine qu'on sème au printemps. On relève les plants dès qu'ils sont assez forts, et on les met en place.

De même que le Lis et la Violette, l'Œillet a joué un rôle important dans nos discordes civiles. En 1815, par exemple, peu de jours après l'accomplissement de la seconde Restauration, l'Œillet rouge devint le signe de reconnaissance des partisans de Napoléon. Par opposition, les royalistes, et particulièrement les gardes du corps, les pages, avaient adopté l'Œillet blanc. Il y eut souvent des rencontres terribles entre les deux partis. Ils se livrèrent à Paris, sur les boulevards, des combats sérieux, et il en résulta plus d'une déplorable catastrophe. En voici une qui produisit une bien vive sensation.

Un jeune page de Louis XVIII, Jules de Saint-P..., avait pour tante la comtesse de C..., une des dames d'honneur de la duchesse d'Angoulême.

Un jour du mois d'août, le jeune page était venu voir sa tante, dans les appartements de la duchesse.

— Eh quoi! chevalier, s'écria Mme de C..., vous n'avez point d'Œillet à votre boutonnière?... Les bonapartistes vous font-ils donc peur?

Comme elle achevait de prononcer ces paroles, la duchesse parut; elle avait entendu le reproche que Mme de C... venait d'adresser à son neveu, et, voyant le jeune homme la rougeur au front, elle prit en souriant un Œillet blanc dans un des beaux vases de Sèvres qui ornaient la cheminée, et le présenta à Jules.

— Votre tante vient de se montrer injuste, chevalier, lui dit-elle; nous savons bien qu'il n'y a dans votre famille que de bons Français, et que les Saint-P... sont sans peur comme sans reproche.

Le page s'inclina respectueusement, et prit la fleur :

— Merci, madame, répondit-il d'une voix fortement émue, et que Votre Altesse Royale soit assurée que je m'efforcerai toujours de mériter la bonne opinion qu'elle veut bien avoir de moi.

Une heure après, le jeune page, en habit de ville, était sur le boulevard des Italiens, appelé alors boulevard de Gand, avec plusieurs de ses amis, portant tous l'Œillet blanc et ayant à la main une canne à épée. Ils ne tardèrent pas à se trouver en face d'un groupe d'officiers à la demi-solde, décorés de l'Œillet rouge.

— Prenez garde, messieurs, dit un de ces derniers, vous portez là une couleur qui se salit aisément.

— Et c'est pour cela que les gens de votre sorte font bien de ne pas la porter, répondit vivement le chevalier.

Du sarcasme aux menaces la transition fut prompte ; on n'avait pas échangé quatre phrases, que les épées étaient tirées. Jules s'attaqua à celui des officiers qui, le premier, l'avait apostrophé, et par malheur, c'était le plus rude jouteur de tous : sang-froid, coup d'œil d'aigle, poignet de fer, rien ne lui manquait. Mais le jeune page était trop animé pour s'apercevoir de son infériorité, et s'en fût-il aperçu, qu'il n'eût pas rompu d'une semelle. Comme cela se passait en plein jour, une foule nombreuse entourait les combattants. Tout à coup une voix s'écria : « Voici les gendarmes ! »

L'autorité, en effet, avait pris des mesures pour réprimer ces troubles, et une patrouille accourait pour séparer les combattants.

— Nous ne pouvons pourtant nous quitter ainsi, dit l'adversaire du chevalier ; tenez, monsieur le chevalier, à l'Œillet !

Le coup fut porté avec la rapidité de l'éclair. Jules, atteint en pleine poitrine, tomba sur les genoux. En ce moment les gendarmes n'étaient plus qu'à deux pas des combattants. Les officiers se retirèrent promptement, et le jeune chevalier, relevé par ses amis, plus heureux que lui, fut mis dans une voiture et conduit à l'hôtel des pages. Comme il venait de mettre pied à terre, une calèche passait ; une dame seule l'occupait : c'était la comtesse de C... qui, sans faire attention à la pâleur de Jules, soutenu par ses amis, s'écria avec l'accent de l'indignation :

— Un Œillet rouge !... Le malheureux nous déshonore !...

Jules, qui n'avait pas perdu connaissance, abaissa son regard sur la fleur placée à sa boutonnière, et répondit d'une voix mourante :

— Oui, madame, rouge, mais toujours pur, car c'est mon sang qui l'a teint !

La calèche s'était arrêtée ; la comtesse s'élança vers son malheureux neveu.

— Mon Dieu ! mon Dieu ! disait-elle éperdue, c'est moi qui l'ai tué !...

Et elle disait vrai, car la blessure était mortelle, et le jeune page expirait le soir même, après avoir demandé qu'on mît avec lui dans sa tombe l'Œillet, présent si funeste qu'une main royale lui avait fait.

Oranger. — Dans les pays chauds, et même en France, dans la Provence, l'Oranger est un arbre de pleine terre, donnant en abondance des fruits parfumés, d'une saveur délicieuse; mais partout ailleurs on ne cultive l'Oranger que comme arbre d'ornement, et pour sa fleur, si belle et d'une si suave odeur.

La culture de l'Oranger présente beaucoup moins de difficultés qu'on ne le croit communément. Il se plaît dans une terre franche, mélangée de terre de bruyère et de terreau; il craint plus l'eau que le froid, et, bien qu'il soit prudent de le mettre en serre d'octobre en avril, on pourrait, sans danger, le laisser à l'air libre tant que la température ne serait pas plus basse que quatre degrés centigrades au-dessous de zéro. Aussi, dans la serre où on le place, ne faut-il faire du feu que lorsque le froid arrive à ce point.

Vers la fin d'avril, on remet les Orangers à l'air libre; il est bon alors d'en laver les grosses branches et le tronc avec de l'eau claire et une brosse, et d'en arroser abondamment le feuillage.

Tous les trois ou quatre ans au plus, il faut renouveler, au moins en grande partie, la terre dans laquelle végète l'Oranger. Lorsqu'on s'aperçoit que les feuilles, ordinairement d'un beau vert, pâlissent, cela annonce que l'arbre est trop à l'étroit, que ses racines sont gênées. On a alors le choix entre deux expédients : l'un consiste à tailler les branches de manière à ce que l'arbre exige moins de subsistance; l'autre est de mettre l'Oranger dans une caisse plus grande que celle où il est gêné.

L'oranger se multiplie assez facilement par marcottes et par boutures; il est aussi très facile de le multiplier par graines : dans une terre composée, comme nous l'avons dit plus haut, on plante, à une profondeur de deux centimètres et à une distance de sept à huit centimètres les uns des autres, les pépins d'une orange très mûre et même pourrie ; puis on enfonce le contenant de cette plantation dans un pot plus grand ou une caisse remplie de fumier de cheval. On le couvre d'une cloche de verre qu'on lève de temps en temps pour donner de l'air et arroser avec de l'eau tiède. Cela se fait en mars; au mois de mai on peut supprimer la cloche, et, en septembre, les plantes étant assez fortes, on les sépare pour mettre chacune dans le pot ou dans la caisse qui lui est destinée, et dont la terre doit être mélangée comme il est dit plus haut. Il est très important, en levant ces jeunes plantes, de ne point dégarnir leurs racines de la terre qui leur est adhérente.

Les fleurs de l'Oranger nouvellement cueillies

sont d'un grand prix ; les distillateurs, à Paris,
les payent jusqu'à 12 francs le kilogramme;
mais les jardiniers fleuristes les font payer bien
plus cher encore, quand il s'agit d'en faire une
couronne de mariée ; car la fleur d'Oranger est
l'emblème par excellence de la virginité. Et
voyez comme l'épigramme se glisse partout ! il
n'est pas un produit de nos jardins que les fabricants de fleurs artificielles soient parvenus
à imiter d'une manière plus parfaite. C'est à ce
point, qu'aujourd'hui, presque toutes les couronnes de jeunes mariées sortent des ateliers
de la rue Saint-Denis, à Paris... Mon Dieu ! nous
savons bien qu'elles n'en sont pas moins pures
pour cela (les jeunes mariées) ; mais, il faut le
dire, si la fraude n'est pas là d'un fâcheux au-
gure, elle est certainement de bien mauvais
goût.

Oreilles d'ours. — C'est le nom fort laid d'une
très jolie plante dont les amateurs cultivent
jusqu'à six cents variétés et dont ils font d'admirables collections. Toutes ces variétés fleurissent en avril, et leurs couleurs vives et
veloutées présentent l'aspect le plus agréable.
L'Oreille d'ours n'aime pas le soleil, et pourtant
plus qu'une autre plante elle redoute l'humidité ;
aussi est-il nécessaire, pour en obtenir de beaux
produits, de la cultiver en pots, afin de pouvoir,
lorsque les pluies du printemps sont trop abondantes, les garantir de ce danger. Pour cela, il
n'est pas nécessaire de rentrer les pots ; on les

couche seulement de manière que la pluie n'atteigne que les parois extérieures du vase sans pouvoir pénétrer à la racine de la plante. L'Oreille d'ours se plaît à l'exposition du nord et de l'ouest, dans une terre composée moitié de terre franche, moitié de terre de bruyère; le tout mélangé d'un peu de terreau. On n'arrose cette plante que dans les temps très secs; encore ces arrosements doivent-ils être fort peu abondants. La multiplication s'obtient par éclats de racine; mais pour former une collection il faut semer les graines, dès qu'elles sont mûres, en terre de bruyère et à l'ombre. Le plan étant assez fort, on le relève et on le repique, en observant une distance de dix ou douze centimètres entre chacun. On obtient ainsi toutes les variétés possibles, et lors de l'inflorescence on peut faire un choix des plus jolies.

Ornithogale. — Plante bulbeuse, donnant en juin des fleurs blanches en étoile. On en cultive plusieurs variétés, de couleurs diverses, dont quelques-unes sont odorantes. Toutes se cultivent de la même manière. — Terre franche mêlée de terre de bruyère; arrosements fréquents. Multiplication par caïeux séparés des oignons, que l'on relève tous les deux ans, en juillet. On nettoie ces caïeux, on les met sur une planche, dans un lieu sec et à l'ombre, et on les plante en octobre. C'est encore une des fleurs dont on fait collection : il y a des Ornithogales indigènes et d'autres exotiques; la culture des diverses espèces est la même.

Orobe. — C'est une des plus précoces et des plus jolies fleurs printanières, brunes ou jaunes, selon la variété, qui s'épanouissent en mars. — Plante vivace, à racines fibreuses, demandant peu de soins. — Terre franche. Multiplication par semis, ou mieux par éclats.

Orvale ou Lamier. — Belle plante à racines fibreuses, donnant, en avril, de grandes fleurs blanches tachetées d'un beau vert. — Terre franche. Multiplication par éclats en octobre ou par semis en février.

Oxalide. — Plante de serre chaude, qui fleurit en février. On en cultive plusieurs espèces, dont une seule, *l'oxalide pied-de-chèvre,* est odorante. Les fleurs de cette dernière sont d'un beau jaune ; celles des autres espèces sont d'un rose tendre, ou blanches rayées de rouge. — Terre de bruyère ; arrosements peu abondants, mais fréquents. Multiplication par caïeux, détachés en juin et replantés en septembre.

P

Pachysandre. — Plante vivace dont les fleurs, petites et d'un rose tendre, s'épanouissent en mai. — Terre de bruyère ; peu d'eau. Multiplication par rejetons ou par éclats de racines.

Pain-de-Pourceau ou Cyclame. — Les fleurs de cette plante s'épanouissent en mai, et présentent cette singularité que la partie supérieure de leur corolle regarde la terre ; aussi en a-t-on fait le symbole du regret. On en cultive plusieurs espèces, dont quelques-unes ont une odeur fort agréable ; mais l'aspect de ces fleurs est triste ; on dirait, selon l'expression de M. de Chateaubriand, qu'elles aspirent à la tombe. Cette disposition ne justifie pourtant pas le hideux nom vulgaire qu'on leur a donné. — Terre de bruyère ; peu d'eau ; en serre aux premiers froids. Multiplication par racines ou par graines semées en juin, en pots, et dont les plants doivent être relevés et repiqués au mois de mars suivant.

Pancratier. — On en cultive deux espèces : le pancratier maritime et le pancratier d'Illyrie. Ce sont des plantes bulbeuses fort jolies, dont les grandes fleurs blanches, qui s'épanouissent en juillet, exhalent une odeur fort agréable. — Terre de bruyère ; peu d'eau. Multiplication par caïeux détachés en septembre et replantés un mois après, le même que les oignons.

Panicaut. — Fleurs bleues, en août. — Terre fraîche ; arrosements modérés. Multiplication par rejetons, ou par graines semées au printemps.

Pâquerette. — Charmante petite fleur vivace dont les fleurs, dès le mois d'avril, émaillent le gazon des pelouses, et qui n'ont besoin, pour s'épanouir, que d'un rayon de soleil et d'une goutte de rosée. De cette gentille petite villageoise l'éducation a presque fait une grande dame ; sa parure si simple s'est nuancée de riches couleurs, et ses formes ont gagné en grâce ce qu'elles ont perdu en modestie. Par la culture, en effet, on obtient des Pâquerettes doubles, blanches, rouges, roses, panachées, etc. ; mais, malgré ces métamorphoses, la Pâquerette se contente de peu. — Terre franche et fraîche, c'est tout ce qu'il lui faut, et il suffit, pour la multiplier à l'infini, d'en diviser les touffes au mois de mars.

Parnassie. — En août, fleurs blanches et jaunes, d'un aspect singulier, à cause des espèces d'écailles et de cils dont elle est garnie. Plante vivace à racines fibreuses. — Terre de bruyère ; arrosements fréquents et abondants en tous temps. — Multiplication par éclats de racines, au printemps.

Pavot. — Charmante fleur qui s'épanouit en juin, et dont la graine a des propriétés narcotiques très puissantes et même dangereuses. On en cultive plusieurs espèces : la plus brillante est le *pavot oriental*, dont les fleurs, d'un rouge éclatant, atteignent une grandeur extraordinaire. C'est de cette espèce, ainsi que nous l'avons dit dans la BOTANIQUE, que l'on tire l'opium, poison d'un grand prix, et dont les effets sont si singuliers ou si terribles, selon les doses qu'on en absorbe. Pris à dose modérée, l'opium exalte au plus haut degré toutes les facultés intellectuelles : sous l'influence de cette substance, on vit en quelque sorte dans un monde nouveau et tout rempli de prodiges dont, à l'état normal, il serait impossible de se faire l'idée ; l'homme d'une élocution difficile devient éloquent, le plus illettré est poète ; quelques-uns parlent des langues qu'ils n'ont jamais apprises, qu'ils possèdent comme par intuition tant que l'influence de l'opium est dans sa force, et qu'ils oublient entièrement lorsque vient la réaction. Cette réaction est terrible : le regard s'éteint ; une pâleur livide succède à l'animation du visage ; les sens s'affaiblissent d'autant plus que la surexcitation qu'ils viennent d'éprouver a été plus violente, et le malheureux mangeur ou fumeur d'opium arrive à un état presque complet d'idiotisme, qui dure jusqu'à ce qu'une nouvelle dose de ce poison l'en fasse sortir. L'homme le mieux constitué ne résiste pas longtemps à ces alternatives d'exaltation et d'anéantissement : il vieillit vite ; ses cheveux blanchissent et ses mains tremblent avant l'âge, et il touche à la caducité alors que les facultés dont la nature l'a doué devraient être dans toute leur force...

— En vérité, je vous le dis, tout cela est dans une fleur, et j'en sais d'autres encore dont les propriétés sont plus redoutables... ; mais c'est du pavot qu'il s'agit. Cette plante annuelle se sème en mars. — Terre franche ; arrosements modérés.

Pensée. — Cette fleur, qui fleurit en mars, n'est qu'une variété de la Violette, et c'est la seule qui se plaise au soleil, où elle étale avec complaisance sa parure violette et jaune. Il faut

PENSÉE

bien lui pardonner cette ostentation, car elle n'a pas, comme sa modeste sœur, un doux parfum qui puisse faire deviner sa retraite. — Terre franche; arrosements modérés. Multiplication par graines.

Perce-neige. — Jolie petite fleur blanche, la première qui se montre à travers le manteau glacé qui couvre assez ordinairement la terre au mois de février. Au banquet de la vie, la pauvrette ne doit apparaître qu'un instant; penchée mélancoliquement vers la terre, elle semble regretter l'obscurité d'où elle n'est sortie que pour annoncer le réveil de la nature. Ce gentil précurseur du printemps se plaît en terre franche et fraîche. — Multiplication par caïeux que l'on détache des oignons tous les deux ou trois ans, au mois de juillet.

Pervenche. — Si cette plante nous est chère, ce n'est pas la faute de Voltaire, comme disait Béranger, il y a quelque trente ans; mais nous devons convenir que c'est un peu la faute de Rousseau. La Pervenche était en effet la fleur de prédilection du philosophe de Genève, auquel elle rappelait quelques jours heureux de sa jeunesse. On en a fait depuis le symbole du premier amour. C'est, en réalité, une petite fleur modeste, d'une innocuité parfaite. On en cultive deux espèces : la grande, dont la fleur, qui s'épanouit en mai, est d'un bleu d'azur, et la petite, qui est d'un rouge vif. — Terre franche, peu d'eau. Multiplication par rejetons et par graines.

20.

Phalangère. — Belle plante, dont les fleurs, en épi, blanches ou roses selon la variété, s'épanouissent en juillet. On en cultive plusieurs espèces, et les fleurs de quelques-unes ressemblent, en petit, aux fleurs du Lis, ce qui a fait donner à l'une d'elles le nom de Lis de saint Bruno. — Terre franche, mêlée de terre de bruyère et de terreau; arrosements fréquents. Multiplication par graines.

Phlomis. — Plante vivace qui fleurit en août. Ses fleurs, d'un rouge violacé, sont peu remarquables; mais cela fait nombre et jette de la variété dans un parterre. Les racines de cette plante sont bulbeuses, et on la multiplie par la séparation de ses bulbes, qu'on opère au mois d'avril, et qui doivent être replantés aussitôt.

Phlox. — Admirable plante vivace qui a souvent plus d'un mètre et demi de hauteur, et dont les charmantes fleurs, roses, bleues, lilas, blanches, selon la variété, doivent être mises au nombre des plus beaux ornements des jardins, de juillet en septembre. — Terre franche; arrosements abondants. Multiplication par éclats de racines.

Pied-d'alouette. — Plante annuelle, dont les fleurs en épi offrent toutes les variétés de couleurs imaginables. Rien de plus joli, au mois de juin et de juillet qu'une bordure, de Pied-d'alouette; il n'est pas de fleur qui ajoute autant à la beauté d'un parterre, surtout lorsque les graines ayant été recueillies avec soin on a pu mélanger les couleurs. — Terre franche mélangée de terreau; arrosements fréquents et peu abondants. Multiplication par graines semées fin mars.

On cultive une autre espèce de Pied-d'alouette, dont la tige est plus élevée que celle dont nous venons de parler, et dont les fleurs sont plus grandes. Cette dernière est vivace et peut se multiplier par des éclats de racines, séparés en octobre.

Pigamon. — La fleur de cette plante, qui s'épanouit en mai, est surtout remarquable à cause d'une aigrette de soixante étamines que portent ses pétales. On en cultive deux variétés, l'une jaune, l'autre lilas. C'est une plante vivace, à racines fibreuses, qui se plaît en terre franche et qu'on multiplie par éclats en octobre.

Piment. — Ce n'est pas pour ses fleurs qu'on cultive cette plante annuelle, mais pour ses fruits, qui sont, au mois d'août, gros comme des œufs de poule, et d'un beau rouge éclatant, et qui font un très bel effet au milieu des fleurs qui s'épanouissent dans le cours de ce mois. Ce fruit a d'ailleurs l'avantage de pouvoir être employé en cuisine. Il est plus ardent que le poivre, dont il a, en partie, la saveur et les propriétés. Sa culture, d'ailleurs, demande peu de soins. On le sème, au printemps, en terre franche mêlée de terreau, exposition du midi; peu ou point d'eau.

Pivoine. — On cultive deux espèces de Pi-

voines, qui fleurissent en mai ; la *pivoine commune*
et la *pivoine en arbre*. La première est une plante
vivace, dont les grandes et belles fleurs sont rouges, blanches ou roses, selon la variété. Elle se
plaît en terre franche, demande peu de soins, et
se multiplie par éclats de racines, faits en octobre.

La *pivoine en arbre* est un bel arbuste qui a
quelquefois deux mètres de haut. Ses fleurs,
grandes et roses, conservent pendant un mois
entier et plus leur fraîcheur, qui est des plus
suaves. La culture de cet arbuste demande
quelques soins. D'abord, il doit être en pot ou
en caisse, afin de pouvoir être rentré dès les
premiers froids, et tant que dure l'hiver il faut
qu'il reçoive le plus de lumière possible. —
Terre de bruyère, cinq dixièmes ; terre franche,
trois dixièmes ; terreau, deux dixièmes. Multiplication par graines, et mieux par marcottes,
qui prennent très facilement, mais qu'il ne faut
sevrer que la deuxième année, afin que la plante
soit vivace ; levée la première année, la marcotte donnerait des fleurs : mais ce ne serait
qu'une plante annuelle.

Podalyria. — Plante vivace, à racines fibreuses, dont les fleurs, d'un beau bleu, paraissent
en juin ; elles sont inodores et peu remarquables,
malgré leur couleur ; mais elles font nombre
dans un parterre, où il faut avant tout de la
variété. — Terre franche ; arrosements modérés.
Multiplication par graines semées fin mars,
ou par éclats de racines au mois d'octobre.

POIS DE SENTEUR

Podophille. — Les fleurs de cette plante, à racines fibreuses, s'épanouissent en mai ; elles sont blanches et présentent la forme d'un bouclier. — Terre franche ; arrosements modérés. Multiplication par rejetons ou par graines semées en mars.

Pois de senteur. — C'est encore là une de ces belles, suaves et modestes fleurs qui prodiguent leurs faveurs à quiconque leur accorde quelques brins de terre, un peu d'eau, et leur permet de recevoir un rayon de soleil. Rien de plus joli que ces fleurs veloutées, rouges, roses, bleues, blanches, qui ressemblent aux ailes des plus beaux papillons et qui répandent au loin leur enivrant parfum. Et pourtant cette délicieuse fleur est assez généralement dédaignée ; c'est que, par malheur... par bonheur plutôt, elle ne coûte rien, ce qui la fait adopter par le pauvre. Elle fait, avec la capucine, le cobœa, l'ornement des fenêtres-mansardes, et il est peu de chaumières dont les chétives murailles ne lui accordent protection.

Belle et bonne, c'est aux belles et aux bonnes que nous la recommandons. — Terre franche. Multiplication par graines semées fin mars.

Polémoine. — Plante peu remarquable, donnant en mai des fleurs en bouquets, d'un rouge nuancé de bleu. — Terre franche. Multiplication par graines ou par éclats de racines, en mars.

Primevère. — C'est encore une de ces plantes dont certains amateurs font des collections, à cause du nombre de variétés qu'on peut en obtenir.

Les Primevères offrent près de quatre cents variétés, qui présentent toutes les couleurs et toutes les nuances connues et qui fleurissent en avril. Cette plante se multiplie parfaitement par éclats ; mais pour obtenir des variétés, il faut avoir recours au semis, qui se fait dans les premiers jours de mars. — Terre légère et franche.

Pulmonaire. — On cultive deux espèces de cette plante, qui ne diffèrent entre elles qu'en ce que l'une est vivace : c'est la *pulmonaire de Virginie*, et l'autre est annuelle : c'est la *pulmonaire de Sibérie*. Toutes deux donnent, en mars, de petites fleurs. Celles de la première espèce sont rouges, bleues ou blanches, selon la variété. La seconde n'a que des fleurs bleues, petites, comme celles de l'autre, mais d'un éclat plus vif.

La pulmonaire vivace se multiplie par éclats de racines, au mois d'octobre ; on multiplie celle de Sibérie par graines semées aussitôt après les grands froids. — Terre légère et fraîche pour toutes deux.

Pyrole. — En juin, petites fleurs d'un rose tendre, placées par deux sur chaque pédoncule. On en cultive deux espèces : l'une odorante et l'autre inodore. Même culture pour toutes deux. — Terre de bruyère ; arrosements fréquents. Multiplication par éclats de racines, au printemps. — En serre pendant l'hiver.

R

Reine-Marguerite. — Les fleurs de cette plante,

que l'on nomme aussi *Aster* de la Chine, rivalisent de beauté avec celles du Dahlia, et ses variétés ne sont pas moins nombreuses. Elles s'épanouissent en juillet, et l'on en fait de brillantes collections qui offrent un aspect charmant. La culture en est excessivement facile. — Terre franche. Multiplication par graines semées en avril. La meilleure graine est celle que la tige-mère porte à son extrémité ; si on la garde un an avant de la semer, la fleur n'en est que plus belle.

Il y a un grand nombre d'espèces d'asters ; les plus remarquables après la Reine-Marguerite sont l'*œillet-de-Christ*, le *soyeux*, le *géant* et le *denté*. Ces quatre espèces peuvent se multiplier par éclats de racines séparées en octobre.

Renoncule. — C'est encore une des plus belles fleurs qui se puissent voir. Les faiseurs de collections en comptent près de six cents variétés qui réunissent toutes les couleurs et toutes les nuances connues, toutes... excepté le bleu. Certes, nous sommes loin du temps où les oignons de Tulipes se cotaient à la banque d'Amsterdam et atteignaient des prix fabuleux. Cependant il est certain, qu'un horticulteur qui serait assez heureux pour obtenir une Renoncule bleue, pourrait faire une rapide et brillante fortune. Quoi d'extraordinaire ? N'avons-nous pas vu, il y a quelques années, la graine d'une certaine espèce de chou se vendre, rue de Richelieu, à Paris, cinq francs l'une... oui, cinq francs une seule graine, ce qui portait le produit d'un seul

chou à cinquante ou soixante mille francs !
L'industriel qui possédait ces graines en vendit
pour un demi-million en six mois. Ce prodigieux
résultat bouleversa l'esprit de ce malheureux ;
il devint fou et se fit sauter la cervelle.

Donc il n'existe pas de Renoncules bleues,
mais il peut en naître une, et c'est là le plus
cher espoir de tous les amateurs qui cultivent
exclusivement cette jolie fleur. Au reste, cette
culture est des plus faciles. La graine, que l'on
récolte en octobre, doit être gardée dans un
lieu sec pendant un an et même deux ans. On
la sème en automne sur une terre franche, puis
on la recouvre d'une légère couche de terreau
et l'on arrose fréquemment. Mais on ne multiplie les renoncules par graines que pour obtenir
de nombreuses et nouvelles variétés. Lorsqu'on
veut s'en tenir à la collection qu'on possède,
il est plus simple de les multiplier par la séparation des griffes, qu'on replante aussitôt, ou
l'année suivante. Dans ce cas, les couleurs de la
fleur sont plus vives. Les renoncules fleurissent
en juin ; la séparation des griffes se fait vers la
fin de juillet.

Réséda. — Petite plante vivace, connue de
tout le monde. Ses formes n'ont rien de remarquable, mais son parfum le dispute à celui de
la Rose. Le Réséda est vivace ; on le multiplie par
éclats de racines ou par semis. Toutes les terres
lui sont bonnes, pourvu qu'elles ne soient pas
trop sèches.

Le Réséda dit en *arbre* n'est pas une espèce différente de celle dont nous venons de parler; on fait du Réséda un arbuste en retranchant les branches inférieures, et en soutenant, à l'aide d'un tuteur, la tige qui s'élève ainsi et devient ligneuse.

Rhexie. — Plante originaire de la Virginie, dont les grandes fleurs, d'un rouge vif, s'épanouissent en juin. — Terre de bruyère; beaucoup d'eau. Multiplication par graines semées au commencement du printemps. En terre pendant l'hiver.

Rhododendron. — Bel arbrisseau d'Amérique, de deux mètres de hauteur, dont les grandes fleurs blanches, roses ou rouges, selon la variété, ont la forme d'un cornet fort évasé. — Terre de bruyère, exposition du nord; beaucoup d'eau. Multiplication par marcottes et par graines, quand elles arrivent à parfaite maturité, ce qui est rare. On en cultive de plusieurs espèces; le *rhododendron en arbre* est une des plus belles, mais elle ne supporte pas le froid; elle doit être rentrée de bonne heure.

Romarin. — Joli arbrisseau dont la hauteur ne dépasse guère un mètre et demi, et qui forme ordinairement un buisson touffu. Ses fleurs, d'un bleu pâle, s'épanouissent au mois de février, dans la saison des bals, alors que la terre est couverte de neige ou de glace. Autrefois, à cette époque de l'année, la moindre fleur était une merveille; aujourd'hui que Paris possède des jardins d'hiver où les fleurs sont aussi abondantes au mois de janvier qu'elles peuvent l'être en juin dans le plus riche parterre, le Romarin est presque dédaigné... Ainsi passe la gloire de ce monde.

Le Romarin, dont toutes les parties sont aromatiques, se plaît dans une terre légère, peu humide, et il se multiplie par marcottes et par boutures.

Ronce. — Voilà une pauvre plante bien calomniée par les moralistes, qui ne cessent de comparer la vie de l'homme à *un sentier parsemé de ronces et d'épines !* Eh! messieurs, qui savez tout et une infinité d'autres choses encore, faut-il donc vous apprendre qu'il est des Ronces charmantes qui n'ont point d'épines... Et, quand elles en auraient! La Rose en a bien... Nous le répétons, des Ronces charmantes, sans épines, à feuilles panachées, à fleurs doubles roses et à fruits blancs. C'est un de nos travers, de nous laisser prendre aux mots qui, la plupart du temps, ne servent qu'à enraciner l'erreur. Par exemple, il est arrivé qu'un naturaliste obtus a dit, a écrit que l'écrevisse marchait à reculons; eh bien! quarante siècles ne suffiront pas à détruire cette erreur. La vérité est que l'écrevisse marche comme tous les autres animaux doués des organes de la locomotion, en avant : seulement elle peut nager en arrière... Hélas! il en sera des Ronces comme il en est des écrevisses, et c'est en vain que nous tentons de les réhabiliter. Mais c'est ici le cas de mettre en pratique cette belle devise : *Fais ce que dois, advienne que pourra.* Nous proclamons donc qu'il est des espèces de Ronces fort jolies ; telles sont celles à feuilles découpées, le Framboisier du Canada, et quelques autres. — Terre franche et ferme ; exposition du nord ou de l'ouest. Multiplication par graines, marcottes et rejetons, au printemps : les fleurs paraissent en juillet.

Rose d'Inde. — En septembre, grandes fleurs jaunes et blanches, selon la variété. — Terre franche. Multiplication par semis, en mars ; relever les plants et les repiquer en mai ou en juin. Beaucoup d'eau.

Rose de Noël. — Plante à racines fibreuses, donnant en février de grandes fleurs d'un rose tendre. — Terre franche, mêlée de terre de bruyère. En serre. Multiplication par éclats de racines, en octobre.

Rose trémière. — Grande et superbe plante de deux à trois mètres de haut dont les larges et admirables fleurs, qui s'épanouissent en juillet, offrent toutes les couleurs et toutes les nuances. Les variétés de cette plante sont innombrables, et les collections qu'on en fait grossissent chaque année. — Terre franche, peu d'eau. Multiplication par graines semées dans les derniers jours d'avril.

Rosier. — Hélas ! *tarde venientibus...* Pardon, Mesdames, cela veut dire que les absents ont tort ou bien que les derniers venus doivent se contenter de ce qu'ils trouvent. Or, nous venons le dernier vous parler de la Rose... Oh! oui, nous le savons bien, on vous a tout dit sur la Rose : on vous a fait son histoire; on vous a raconté ses qualités, ses défauts, ses mœurs, ses amours; on vous a initiées à tous ses secrets, à toutes ses métamorphoses, et vous avez vu la Rose, fleur, femme, reine! Mais il n'est pas de récolte si complètement faite que le pauvre ne trouve à glaner dans le champ qui l'a produite : essayons de glaner.

On compte aujourd'hui un peu plus de deux mille espèces de Roses, et nous avons entendu un savant horticulteur affirmer que quatre gros volumes in-folio, en petit texte, ne suffiraient pas pour rapporter ce qu'il y a seulement de plus curieux dans la culture de cette fleur. Nous l'avouerons, toutefois, nous nous défions énormément de ces prétendues curiosités visibles seulement pour ces amateurs enthousiastes bien résolus à voir des merveilles partout. Mais les deux mille et tant d'espèces existent, et c'est un fait que nous constatons, heureux que nous sommes d'avoir à constater ici quelque chose !

Puisque nous voici entré dans cette voie, nous pourrions bien, Mesdames, vous donner la nomenclature de ces espèces ; mais vous en seriez quittes pour tourner rapidement le feuillet, et nous en serions pour nos frais d'érudition horticole; ce serait trop de moitié.

Nous nous contenterons donc de vous dire

que les botanistes et les horticulteurs, — car ces gens-là s'entendent quelquefois, — ont divisé les Rosiers en onze classes, savoir :

Les *rosiers à feuilles simples*,
Les *rosiers* FÉROCES... Oh !
Les *rosiers* BRACTÉOLÉS.
Les *rosiers cannelles*,
Les *rosiers pimprenelles*,
Les *rosiers à cent feuilles*,
Les *rosiers velus*,
Les *rosiers rouillés*,
Les *rosiers* CYNORRHODONS... Ouf !
Les *rosiers à styles soudés*,
Les *rosiers* BANKSIENS... Ah !

Et cela est tout rose; qui oserait le contester?.... Mais cela n'empêche pas que la Rose soit le chef-d'œuvre de la végétation, d'où il résulte que les Rosiers sont indispensables dans un parterre, quelque peu étendu qu'il soit. Et rien n'est si facile de les y mettre et de les y faire vivre, la culture de ces arbustes étant des plus simples. Presque tous les Rosiers se plaisent dans une terre franche, légère; ceux du Bengale seuls s'accommodent mieux de la terre de bruyère. Tous se multiplient par graines, rejetons, boutures, marcottes, et il n'est pas d'arbustes plus dociles à la greffe et qui se prêtent plus volontiers aux caprices de l'horticulteur.

Les plus belles Roses fleurissent en juin; mais il en est pour toutes les saisons, et il n'est pas rare de voir, dans nos jardins, des Roses du

Bengale s'épanouir sous des flocons de neige.

Rudbeckia. — En juillet, grandes fleurs rouges. Cette plante, à racines fibreuses, demande peu de soins. — Terre franche, arrosements modérés. Multiplication par graines semées en avril.

S

Sabline. — Charmantes petites fleurs blanches qui surgissent en mai du milieu d'un gazon touffu, et dont on fait de très jolies bordures. — Terre franche, arrosements fréquents. Multiplication par éclats de racines, en octobre, ou par graines semées fin mars.

Sabot de Vénus. — Fleurs brunes d'une forme singulière, paraissant en mai et exhalant absolument le même parfum que les fleurs d'Oranger. Les pétales de cette fleur, au nombre de quatre, ressemblent parfaitement aux ailes d'un moulin à vent. — Terre de bruyère; exposition de l'ouest; arrosements fréquents. Multiplication par graines semées en mars.

Safran. — Plante bulbeuse dont les fleurs jaunes, blanches, grises ou bleues, selon la variété, s'épanouissent en février. — Terre franche, mêlée de terre de bruyère; peu d'eau. Multiplication par caïeux, qu'il ne faut détacher que tous les trois ou quatre ans en juin et qu'on replante en juillet, en laissant entre eux une distance de cinq à six centimètres.

Sainfoin à bouquet. — Plante peu remarquable, donnant en juillet des fleurs rouges en épis. — Terre légère. — Multiplication par graines semées en avril.

Sanguinaire. — Cette plante, originaire du Canada, ne porte qu'une seule feuille en forme de cœur, dont les nervures sont rouges. Ses fleurs, blanches et de moyenne grandeur, paraissent en avril. — Terre franche; arrosements modérés. Multiplication par éclats de racines, en automne.

Sansévière. — Jolie plante donnant en mai et en août de nombreuses fleurs roses en épis, très odorantes. — Deux espèces; même culture: terre de bruyère, peu d'eau. Multiplication par graines, fin mars, ou par œilletons.

Sarette. — Plante à racines fibreuses, dont les fleurs en épis, rouges ou lilas, selon la variété, paraissent en septembre et octobre. — Terre franche. Multiplication par graines semées fin octobre. On peut aussi multiplier cette plante par éclats de racines, mais seulement quand elle a atteint une certaine force, c'est-à-dire la troisième ou la quatrième année.

Sauge. — On en cultive plusieurs espèces qui toutes fleurissent en juillet, août, septembre et octobre. Fleurs roses, bleues ou d'un beau rouge, selon l'espèce. — Même culture pour toutes: terre franche mêlée de terre de bruyère et de terreau; peu d'eau; en serre l'hiver. Multiplication par graines semées en octobre et tenues chaudement, ou par boutures, au printemps

Saxifrage. — Très belle plante dont on cultive plusieurs espèces, donnant toutes, en mai, de jolies fleurs rouges, blanches ou roses, selon l'espèce. — Toutes se cultivent de la même manière : terre de bruyère, en pots, afin de les mettre en serre pendant l'hiver. Multiplication par éclats, en avril.

Scabieuse ou *fleur de veuve.* — Jolies fleurs d'un rouge foncé, veloutées et d'un parfum très agréable. — Terre légère. Multiplication par graines, semées en avril. On en cultive plusieurs espèces, dont quelques-unes sont vivaces, comme la *scabieuse des Alpes* et la *scabieuse de Crète;* ces dernières peuvent se multiplier par éclats et par boutures. Toutes fleurissent en juillet.

Sceau de Salomon. — Plantes à racines fibreuses, donnant, en avril, de belles fleurs blanches pendantes. Plusieurs espèces. Même culture pour toutes : terre franche; arrosements fréquents. Multiplication par éclats de racines en automne, ou par graines semées au commencement de mars.

Scille. — On en cultive de plusieurs espèces, qui toutes fleurissent en avril, mais dont les fleurs ne se ressemblent pas et qui demandent des soins différents. Plusieurs, comme la *scille du Pérou,* la *scille maritime,* la *scille à deux feuilles,* doivent être mises en terre de bruyère et en pots pour être rentrées l'hiver. D'autres, comme la *scille d'Italie*, la *scille agréable*, qu'on appelle aussi *jacinthe étoilée*, se plaisent mieux en pleine terre. Les fleurs de presque toutes les espèces sont bleues ; mais elles diffèrent par la forme : les unes sont en épis, d'autres en grappes, d'autres encore en ombelles, etc. Plusieurs sont inodores, quelques-unes ont un parfum à peu près semblable à celui de l'Aubépine. Toutes se multiplient par caïeux, séparés des oignons tous les deux ans.

Sedum. — Jolies fleurs rouges ou roses, en juin, d'une odeur de rose très prononcée, cette odeur s'exhalant soit de la fleur, soit de la racine, selon la variété. Il y a pourtant quelques variétés inodores. — Terre de bruyère pour toutes ; peu ou point d'eau; exposition du midi. Multiplication par boutures, par éclats ou par graines.

Séneçon. — On en cultive de deux espèces qui se subdivisent en plusieurs variétés. Le *séneçon d'Afrique* donne de très belles fleurs rouges, simples ou doubles, selon la variété. La variété simple se multiplie par graines semées dans les premiers jours du printemps; la variété double se multiplie par boutures. L'espèce dite à *feuille d'Adonis*, dont les fleurs sont d'un beau jaune, se multiplie par éclats de racines, en octobre.

Sensitive. — Cette plante, connue de tout le monde, n'est remarquable que par les divers

21.

mouvements qu'elle exécute. Pendant la nuit, les feuilles de la Sensitive sont accolées les unes aux [autres, près des pétioles ; au jour elles reprennent leur état ordinaire, comme si elles sortaient d'un profond sommeil. (Voyez *Sommeil des Plantes*, BOTANIQUE DES DAMES, *première partie*.)

La Sensitive éprouve d'une manière toute particulière ce besoin que les plantes ont, plus que tous les êtres organisés, des rayons du soleil. Son feuillage en suit généralement la direction, et, en observant avec soin, on aperçoit un changement continuel de position dans toutes ses feuilles. La Sensitive exécute, en outre, un mouvement de plication plus singulier : quand une feuille se ferme, soit par le contact d'un corps étranger, soit par la privation de la lumière, son pétiole se rapproche du rameau et fait avec lui un angle plus aigu qu'auparavant. Lorsque l'attouchement est très fort, on voit successivement toutes les parties de la plante se resserrer. Néanmoins, les mouvements des folioles, des feuilles et des rameaux sont indépendants les uns des autres, et il est possible de toucher le rameau si délicatement que lui seul reçoive une impression de mouvement. Mais il faut, pour cela, qu'en se pliant, le rameau n'aille pas porter ses feuilles contre quelque autre partie de la plante, car elle s'en ressentirait au même instant. Les parties de la plante qui se sont fermées se rouvrent ensuite et reprennent le premier état ; le temps nécessaire pour cela est inégal, selon la vigueur de la plante, la saison et l'heure du jour.

Jusqu'à présent on n'a pas donné une explication satisfaisante de ce phénomène, non plus que de tant d'autres mystères dont Voltaire a dit :

> Réaumur, dont la main si savante et si sûre
> A percé tant de fois la nuit de la nature,
> M'apprendra-t-il jamais, par quels subtils ressorts,
> L'éternel artisan fait végéter les corps ;
> Pourquoi l'aspic affreux, le tigre, la panthère,
> N'ont jamais adouci leur cruel caractère,
> Et que, reconnaissant la main qui le nourrit,
> Le chien meurt en léchant le maître qu'il chérit ?
> D'où vient qu'avec cent pieds qui semblent inutiles,
> Cet insecte tremblant traîne ses pas débiles ?
> Pourquoi ce ver changeant se bâtit un tombeau,
> S'enterre, ressuscite avec un corps nouveau,
> Et, le front couronné, tout brillant d'étincelles,
> S'élance dans les airs en déployant ses ailes ?
> Le sage Du Faï, parmi ses plants divers,
> Végétaux rassemblés des bouts de l'univers,
> Me dira-t-il pourquoi la tendre Sensitive
> Se flétrit sous nos mains, honteuse et fugitive ?

Personne ne l'a dit, mais peut-être le dira-t-on quelque jour. En attendant nous dirons, nous, que la Sensitive est un arbuste indispensable dans un parterre. — Terre de bruyère, peu d'eau ; en serre dès les premiers froids. Multiplication par boutures, marcottes et rejetons.

Septas. — Plante à racines tubéreuses, originaire d'Amérique, mais naturalisée depuis longtemps dans notre climat. — En août, fleurs rouges en ombelles, blanches à l'intérieur. Terre de bruyère, peu d'eau. Multiplication par bulbes levées en octobre et mises en vente vers le milieu de mars.

Silène. — C'est au genre de cette fleur qu'appartient l'*attrape-mouche* dont nous avons dit les propriétés dans la BOTANIQUE. A l'exception de cette sensibilité que les diverses espèces possèdent à un degré plus ou moins élevé, les Silènes sont des fleurs qui n'ont rien de remarquable. Rouges ou blanches, selon la variété, ces plantes fleurissent en juin, sont annuelles et se multiplient par graines semées au printemps, en terre franche. Elles sont inodores, une seule exceptée, dont les fleurs sont d'un rouge vif, et qu'il faut mettre en pot afin de pouvoir la rentrer en hiver, cette espèce étant vivace.

Silphium. — Plante vivace dont la fleur, qui s'épanouit en septembre, ressemble à celle des soleils. La tige de quelques Silphiums atteint une hauteur de six mètres ; mais cette fleur n'est remarquable que par son étendue. — Terre franche, arrosements modérés. Multiplication par éclats de racines et plus sûrement par graines semées au mois d'avril.

Soldanelle. — C'est une petite plante des Alpes qui réunit deux avantages : elle est vivace et fleurit en mars, c'est-à-dire à l'époque où la terre est encore presque nue. Ses fleurs, rouges ou blanches, selon la variété, sont d'un effet très agréable bien qu'elles soient petites. N'est-il pas naturel de se sentir quelque préférence pour ces pauvres petites fleurettes que font éclore les premiers rayons du doux soleil de printemps, et qui viennent, les premières, égayer nos regards et nous annoncer une vie nouvelle, au risque d'être anéanties avant le temps par le terrible vent du nord, qui se fait encore si fréquemment sentir à cette époque ?... De grâce, Mesdames, ayez un peu de pitié pour ces petites audacieuses ; donnez-leur une terre légère mêlée d'un peu de terreau ; placez-les à l'exposition du midi, afin que le soleil qu'elles aiment les vivifie, et recueillez leur graine en avril ou mai pour la semer en octobre, en pots, afin de pouvoir les rentrer pendant les plus grands froids. Les soldanelles peuvent aussi se multiplier par éclats de racines.

Soleil. — Grande et belle plante annuelle, dont les fleurs jaunes, radiées, commencent à se montrer dans les premiers jours d'août, et n'ont pas moins, quelquefois, d'un mètre de circonférence, tandis que la tige s'élève à une hauteur de trois à quatre mètres. Cette fleur, comme presque toutes les autres, semble suivre le cours du soleil et se tourne de manière à en recevoir constamment les rayons.

Il est peu de plantes plus majestueuses que celle-là, et pourtant on la dédaigne, elle est souvent exclue des parterres où sont admises une foule d'autres qui sont bien loin d'avoir son éclat et sa majesté. D'où vient cela? Serait-ce que le Soleil est une fleur inodore? Mais la Tulipe, le Dahlia ne sont pas plus favorisés sous ce rapport, et le Dahlia, la Tulipe, exigent des soins dont le Soleil se passe parfaitement. — C'est, dit-on, une plante vulgaire... — Vulgaire, pourquoi? Comment! vous osez faire un crime à cette immense corolle si justement appelée *soleil*, de sa facilité à naître, à grandir? Il est vrai que pour une *belle* elle se contente de peu; un coin de cour dépavé lui suffit; que l'on jette une graine, en avril, à la place du pavé absent, c'est assez. Eh bien! c'est là, il nous semble, être belle et bonne à la fois, qualités qui se trouvent, hélas! trop rarement réunies... A ces causes, Mesdames, nous vous demandons grâce pour cette belle fleur; vous lui consacrerez quelque superbe territoire, trois ou quatre fois grand comme la main; vous l'arroserez peu ou point, et vous en recueillerez, vers la fin de septembre, la graine, grosse, abondante et dé-licieuse, dont vous pourrez faire d'excellent orgeat pour vos soirées.

Souci. — Fleurs jaunes paraissant à la fin d'avril. C'est une plante peu remarquable, mais sa culture est facile, et elle jette de la variété dans un parterre. On la multiplie par graines semées en mars sur une terre franche, et recou-vertes d'un peu de terreau. — Deux espèces,

SOLEIL

l'une jaune safranée, l'autre blanche, qui a la singulière propriété de se fermer lorsque l'atmosphère est humide. — Même culture pour toutes deux.

Sowerbée. — Jolie plante dont la tige ressemble à un jonc, et dont les fleurs, en bouquets, d'un beau rouge pourpre, s'épanouissent en mai. — Terre de bruyère; arrosements modérés. En pots, afin de pouvoir être rentrée l'hiver. Multiplication par graines.

Sparoxis. — Fleurs violettes ou jaunes, selon l'espèce, grandes et belles, s'épanouissant en avril. — Terre de bruyère; peu d'eau. Multiplication par caïeux détachés en juillet et plantés en octobre. — En serre pendant l'hiver.

Spigèle. — En juin, fleurs en épis d'un beau rouge à l'extérieur et jaunes en dedans. Cette plante demande beaucoup de soins; il lui faut de la terre de bruyère pure, des arrosements peu abondants, mais fréquents. — Multiplication par graines.

Spirée. — En juillet, fleurs en bouquets, simples ou doubles, blanches ou roses, odorantes ou inodores, selon l'espèce. — Terre franche; arrosements modérés. Multiplication par graines, par tubercules, ou par éclats de racines.

Stachys. — Jolie plante donnant, en juillet, des fleurs en épis d'un beau rouge. — Terre de bruyère mélangée de terreau; peu d'eau. Multiplication par éclats de racines, en automne.

Cette plante doit être rentrée dès les premiers froids et placée de manière à ne pas manquer de lumière.

Statice. — Petites fleurs qui paraissent en juillet, rouges et néanmoins peu apparentes. On en cultive de plusieurs espèces, toutes assez délicates, et c'est à peu près leur seul mérite. — Terre légère, peu d'eau ; en serre pendant l'hiver. Multiplication par éclats de racines, en octobre, ou par graines, au printemps.

Stévie. — On cultive sept ou huit espèces de cette jolie plante, qui toutes sont vivaces, à l'exception d'une seule, et donnent, en juillet, de très belles fleurs blanches, roses ou violettes. — Terre de bruyère ; arrosements peu fréquents. Multiplication par graines, semées sur capot, au printemps, pour être repiquées en juin. — En serre l'hiver.

Stramoine. — On en cultive de deux espèces qui diffèrent beaucoup l'une de l'autre : le *stramoine cornu* et le *stramoine en arbre*. Le premier est une fort jolie plante annuelle, dont les grandes et belles fleurs blanches, qui s'épanouissent en août, exhalent une odeur très agréable. — Terre légère, beaucoup d'eau. Multiplication par graines, semées au printemps. — Le stramoine en arbre est un joli arbrisseau, dont les fleurs blanches, qui paraissent également en août, ont quelquefois jusqu'à trente-cinq centimètres de longueur, et dont l'odeur est aussi des plus agréables. Cet arbrisseau

TABAC

exige beaucoup de soins : il lui faut une terre
légère, peu d'eau, jamais de froid, beaucoup de
lumière et un air fréquemment renouvelé.

Swertia. — Plante vivace, dont les fleurs
bleues, en étoiles, paraissent en juin. Elle
demande peu de soins ; toute terre lui convient.
Multiplication par éclats de racines et par
graines, semées en août ou septembre.

Symphoricarpos. — Fleurs roses en grappes,
qui s'épanouissent vers la fin de mars, et auxquelles succèdent des fruits blancs et gros
comme des perles. Cette plante est d'un joli effet
dans un parterre. — Terre légère, arrosements
modérés. Multiplication par éclats.

Syringa. — Très bel arbrisseau, dont les
jolies fleurs blanches, qui paraissent en juin,
exhalent une odeur des plus agréables, mais
dont l'intensité dans un appartement de peu
d'étendue cause des maux de tête, et peut même
asphyxier. On en cultive aussi une espèce qui
est entièrement inodore. — Même culture pour
toutes deux : terre franche, exposition du nord
ou de l'ouest. Multiplication par marcottes, boutures, rejetons, éclats de racines. Quoique fort
joli, cet arbrisseau n'est convenablement placé
que dans un jardin d'une assez grande étendue.

T

Tabac. — Nous ne sommes pas assez injuste
pour ne pas le reconnaître, le Tabac est une

plante fort innocente en apparence, qui se multiplie par graines semées au printemps, et dont
les fleurs, qui s'épanouissent en septembre,
exhalent une odeur assez semblable à celle du
Jasmin (celles du Tabac ondulé). Mais qu'est-ce
que ce chétif mérite du Tabac, en comparaison
des maux affreux qu'il répand sur toute la surface du globe!... Nous l'avons déjà dit, le Tabac
est une horrible lèpre qui s'étend sans cesse, et
qui est mille fois plus funeste qu'une invasion
de Barbares. C'est un affreux poison qui empeste
l'air que nous respirons, qui engourdit les sens,
qui étouffe l'imagination Il n'est pas de crimes,
de méfaits horribles, monstrueux, que le Tabac
n'ait commis ou qu'il n'ait fait commettre : c'est
par lui que tous les liens sociaux sont relâchés ;
c'est lui qui abrutit le peuple, qui déprave le
goût. C'est le Tabac qui rendit souvent le grand
Frédéric cruel ; c'est lui qui a aidé les geôliers
anglais à tuer Napoléon. Grâce à lui, les
plus belles dents se carient, l'haleine la plus
douce devient fétide, les narines s'élargissent,
se tuméfient, le regard se ternit, la voix se
voile, l'appétit s'éteint ; les désirs s'émoussent,
la pensée s'alourdit... Et pourtant il s'est trouvé
des poètes pour chanter cette nauséabonde substance !...

De grâce donc, Mesdames, point de Tabac,
même en fleur ; on ne saurait prendre trop de
soin pour se garantir des mauvaises influences.

Tagétès ou grand OEillet d'Inde. — Grandes

et belles fleurs jaunes ou blanches, simples ou doubles, selon la variété, qui s'épanouissent en septembre. C'est une fleur commune, mais d'un assez joli effet quand elle est accompagnée. — Terre légère, arrosements abondants. Multiplication de graines, semées en avril, pour repiquer les plantes en mai ou juin.

Thlaspi. — Plante de serre ; jolies fleurs blanches, en janvier. — Terre de bruyère, très peu d'eau. Multiplication par boutures et par rejetons, levés en juillet. Cette plante doit être rentrée avant les premiers froids.

Thuya. — Arbrisseau toujours vert, mais qui n'a que ce mérite. Il sert à orner les terrasses et les cours, et il ne craint ni le froid ni l'humidité. Multiplication par boutures et par marcottes.

Thym. — Plante commune, à petites fleurs rouges, qui paraissent en juin, et qui exhalent, de même que toutes les autres parties de la plante, une odeur aromatique des plus agréables. On en cultive plusieurs variétés dont on fait surtout les bordures, à cause du peu de soin que demande cette bonne et jolie petite plante, qui se contente de la place qu'on lui accorde, du terrain dans lequel on la pose, et qui, malgré le vent et l'orage, les glaces de l'hiver et les ardeurs du soleil de l'été, ne cesse de montrer ses petites branches vertes, et de prodiguer son parfum. Par malheur, les artistes culinaires se sont emparés depuis des siècles de ce précieux aromate, et cela l'a fait dédaigner par les amateurs de fleurs. C'est une injustice criante, contre laquelle nous protestons de toutes nos forces. Depuis quand cesse-t-on d'être aimable par cela seul qu'on est utile ? Nous demandons pour le Thym une réhabilitation complète. — Multiplication par éclats de racines, en tout temps ; mais de préférence en automne.

Thymélée des Alpes. — Fleurs roses, qui s'épanouissent en janvier, ce qui est leur principal mérite. L'arbrisseau qui les porte ne dépasse presque jamais un mètre de hauteur. — Terre de bruyère ; arrosements fréquents et peu abondants. Multiplication par graines. On peut aussi multiplier les arbrisseaux par boutures et par marcottes ; mais elles ne réussissent que difficilement.

Tigridie. — Très jolie plante à racines bulbeuses, fleurissant en août, et dont les fleurs violettes, jaunes et rouges, offrent l'aspect le plus agréable. — Terre de bruyère. Multiplication par caïeux détachés tous les deux ou trois ans. En serre aux premiers froids.

Trachélie. — En août, jolies petites fleurs, d'un beau bleu, qui sont d'un effet très agréable dans un parterre. Plante vivace, qui redoute le froid. — Terre de bruyère pure, très peu d'eau. Multiplication par graines, semées fin septembre, sur capot et sous cloche, ou par boutures, traitées de la même manière.

Trifolium. — Bel arbuste, dont les fleurs

jaunes, qui paraissent en mai, sont nombreuses et fort jolies. — Terre de bruyère, mêlée de terre franche. Multiplication par graines, semées aussitôt leur maturité, par boutures et par marcottes.

Trillie. — Plante à racines fibreuses, qui fleurit en avril. Ses fleurs, d'un rouge foncé, sont peu remarquables. — Terre légère. Multiplication par éclats de racines, en automne, ou par graines en juin.

Tritoma. — Grandes et belles fleurs en épis, d'un rouge éclatant, couronnant au mois d'août une tige d'un mètre de haut. — Terre de bruyère; arrosements modérés. Multiplication par graines.

Trolle. — En avril, les fleurs jaunes. — Terre légère; peu d'eau. Multiplication par éclats de racines, en automne, ou par graines, semées en mars.

Tubéreuse. — Plante à racines bulbeuses, donnant en juillet de belles fleurs blanches en épis, d'un parfum délicieux. — Terre de bruyère, mélangée de terreau; arrosements fréquents et abondants. Multiplication par graines.

Tulipe. — Il y a encore des amateurs qui poussent jusqu'au fanatisme l'amour de cette belle fleur, ainsi que nous l'avons dit ailleurs.

Au mois de septembre, on plante les oignons ou les caïeux, dans une terre franche, mélangée d'un peu de terreau, et bien ameublie, à la profondeur de sept à huit centimètres, et à quinze

centimètres de distance les uns des autres. On
arrose modérément. La fleur paraît en avril, et
il faut alors, autant que possible, la garantir
du soleil. Lorsque la fleur est passée, et que la
tige commence à se fléchir, on arrache les oignons, que l'on nettoie avec soin ; en en sépare
les caïeux, et on les garde dans un endroit sec
pour les replanter au mois de septembre suivant.

V

Valaire. — En mai, fleurs rouge foncé, inodores et peu remarquables. — Terre de bruyère.
En serre l'hiver. Multiplication par graines et
par éclats de racines.

Valériane. — Plante des Pyrénées, à racines
fibreuses, donnant en juin des fleurs rouges,
blanches ou violettes, selon la variété, et
toutes d'un très bel effet — Terre de bruyère.
Multiplication par éclats de racines, au mois
d'octobre.

Varaire. — C'est une assez jolie plante, qui
fleurit en juin. On en cultive quatre espèces
différentes : la noire, la blanche, la verte et la
jaune. — Même culture pour toutes. — Terre
franche, exposition de l'ouest ; arrosements
fréquents. Multiplication par graines semées en
avril.

Vélar. — En mai, fleurs jaunes peu remarquables. — Terre de bruyère. Multiplication
par graines et par éclats.

VERVEINE

Velthemia. — Belle plante de serre, qui fleurit en mars, et dont les fleurs en grappes rouges et jaunes sont d'un bel effet. — Terre de bruyère, mêlée de terreau; peu d'eau. Multiplication par caïeux, détachés tous les deux ans, ou par graines.

Verge d'or. — Plante à racines fibreuses donnant, en août, des fleurs jaunes, petites mais nombreuses, et d'un aspect agréable. — Terre de bruyère. Multiplication par éclats, e n octobre.

Véronique. — En août, fleurs bleues, blanches ou d'un rose pâle, selon la variété. — Terre légère ; arrosements fréquents. Multiplication par éclats de racines, en octobre, ou par graines, semées en avril.

Verveine de Miquelon. — Plante bisannuelle, dont les petites fleurs en épis, d'un beau rouge, paraissent en avril. — Terre légère. Multiplication par graines.

Vieusseuxie. — Plante à racines bulbeuses, dont les fleurs blanches, tachetées de bleu et bordées de noir, s'épanouissent en mai. — Terre de bruyère, mélangée de terreau ; peu d'eau. Multiplication par caïeux.

Vigne vierge. — Arbrisseau grimpant, dont le feuillage, d'un beau vert, forme de fort jolis berceaux. — Terre franche. Multiplication par boutures et marcottes.

Villarsie. — Jolie fleur, d'un beau jaune, qui s'épanouit en juin. — Terre de bruyère et terreau, beaucoup d'eau. Multiplication par éclats de racines.

Violette. — Charmante fleur, emblème du mérite modeste, qui pousse partout, sur la lisière d'un bois, le revers d'un fossé, au pied d'une haie, sans culture et sans soin, et qui n'annonce sa présence que par le parfum qu'elle exhale. Toute espèce de terre lui convient, et elle se multiplie par graines et par racines.

Y

Yucca. — Arbrisseau d'un mètre de haut, garni de feuilles épaisses, du sein desquelles part une hampe qui, au mois d'août, se couvre d'une grande quantité de grandes et belles fleurs blanches, en forme de calice. — Terre de bruyère, arrosements rares. Multiplication par boutures et par rejetons.

Z

Zinnia. — Belles fleurs jaunes et rouges, qui s'épanouissent en octobre. Cette plante, qui est annuelle, se multiplie par graines, semées au printemps, sur terre légère, recouverte d'un peu de terreau.

Voilà, Mesdames, pour la théorie; mais la théorie n'est pas ici le beau côté de la chose. C'est dans la pratique que vous attendent les

surprises agréables, les découvertes spontanées,
les résultat imprévus. Il suffit de voir les fleurs
pour les aimer ; mais cette tendresse est bien
autrement vive quand on les cultive. Cela
devient souvent une véritable passion ; passion
chaste et pure toutefois, qui ne prépare ni re-
grets ni remords, et qu'on peut avouer toujours,
habituée qu'elle est à ne se loger que dans une
belle âme.

Cte F ŒLIX.

Fleur de
Cladothamnus.

II. — 22

TABLE DES MATIÈRES

CONTENUES DANS LE SECOND VOLUME

BOTANIQUE DES DAMES

PREMIÈRE PARTIE

SECONDE PARTIE

Plantes acotylédones.

Plantes monocotylédones.

Plantes dicotylédones.

HORTICULTURE DES DAMES

PREMIÈRE PARTIE

SECONDE PARTIE

2147-98. — CORBEIL. Imprimerie ÉD. CRÉTÉ.

www.ingramcontent.com/pod-product-compliance
Lightning Source LLC
Chambersburg PA
CBHW060952220326
41599CB00023B/3682